U0278782

新茶路

在倚邦与革登之间

二十年茶路风雨兼程，著名茶文化学者

周重林 主编

华中科技大学出版社
http://www.hustp.com
中国·武汉

图书在版编目（CIP）数据

新茶路：在倚邦与革登之间 / 周重林主编. —武汉：华中科技大学出版社，
2021.10
ISBN 978-7-5680-7527-5

Ⅰ.①新… Ⅱ.①周… Ⅲ.①普洱茶-茶文化-云南 Ⅳ.①TS971.21

中国版本图书馆CIP数据核字（2021）第188526号

新茶路：在倚邦与革登之间　　　　　　　周重林　主编
Xinchalu: Zai yibang yu Gedeng Zhijian

策划编辑：杨　静
责任编辑：章　红
封面设计：红杉林
责任校对：章　红
责任监印：朱　玢
出版发行：华中科技大学出版社（中国·武汉）　　电话：（027）81321913
　　　　　武汉市东湖新技术开发区华工科技园　　邮编：430223
录　　排：沈阳市姿兰制版输出有限公司
印　　刷：中华商务联合印刷（广东）有限公司
开　　本：880mm×1230mm　1／32
印　　张：6.125
字　　数：118千字
版　　次：2021年10月第1版第1次印刷
定　　价：69.00元

目录

坐茶庄

"要喝什么茶?" 刘婷笑眯眯地问我。

"额……",我有点犯难,一般这种情况下,选择价格最贵的茶准没有错。但最贵的茶,却不一定是自己喜欢的。说要最好的,又显得太主观。根据我的经验,茶店里最好的茶往往是主人的个人趣味。刘婷身前身后都是茶架,放着一眼看不完的茶。

"有最近几天到的茶吗?" 我问她。

她从身后拿出一个透明的塑料袋子,从里面抓了一把茶出来,投入盖碗。这种没有压制的茶,叫毛茶,由靠近茶园的初制所加工出来。用小袋分装的毛茶,一般用来做样茶。紧压出来的茶,就是常见的饼茶,属于精制茶。毛茶不算普洱茶,是农产品,不收税,微商经常把毛茶往牛皮纸袋里一装,就开始在朋友圈卖。

毛茶投进盖碗,加水需要技巧,否则盖子都盖不上。

刘婷泡茶超过10万泡,但对待毛茶依旧小心翼翼。

刘婷为我们泡茶

　　"毛茶不好泡，表面上常常会有灰尘，冲急了容易起泡沫。"泡沫会依附在盖碗的碗盖上，看起来令人不愉快。刘婷停顿了下，"精制后通常就没有了。那股青草味也不是每个人都喜欢。"

　　对付毛茶，有经验的泡茶人会一手拿着盖子，一手执壶顺着盖子注水，盖子沿着盖碗一圈后形成一个漩涡，毛茶就会被开水温柔地"驯化"进盖碗中。之后再沿着碗壁注水，那样茶汤味道会更协调，而不会因为开水定点烫在某一个地方而出苦味。

　　沿杯壁注水的方法最早的记录可以追溯到赵佶所写的《大观茶论》，"环注盏畔，勿使侵茶"，那可是一个公认最懂喝茶的年代，无论君臣还是百姓，都对茶如痴如醉。从陆羽的《茶经》开始，泡茶就变成了一门艺术，"琴棋书画诗酒茶"滋养着国人，成

为其精神生活最重要
的部分。

　　大部分时候，冲
完一泡茶，需要把盖
子放在一边，而不是
盖在盖碗上，这主要
是为了防止茶焖出不
好的口感，这样的泡
法叫"开盖泡"。

普洱茶叶底

　　泡茶已经形成了一个巨大的产业，许多培训学校专门教人泡
茶，生意火爆。云南尽管也有工夫茶的泡法，但还是与潮汕与闽
南地区有所区别。这里主要是以盖碗为主，没了紫砂壶也就少了
淋壶等动作，接着也就少了壶承，只用一个盖碗泡，又不淋碗。
这样的泡法现在叫干泡，与此对应的是湿泡。

　　为什么工夫茶会从湿泡演化到干泡？我问过许多人，答案不
一。回答最多的一个是：湿泡费水。浪费掉的水，比喝掉的茶水
多得多。干泡比较讲究技巧，对投茶量与注水量的比例要求很高。

　　我们喝的是倚邦茶。香甜柔和，那一丝丝浓强度留在喉间，
构成了特有的倚邦韵。

　　"喉韵很不错呀！"我赞叹道，身边的王大兴点头如小鸡啄米。

　　"喉韵"是品鉴普洱茶最为重要的词汇，也可以说是一种标
准。老茶客通常认为，普洱茶与其他茶，特别是与绿茶比较，最
显著的特点就是有喉韵，茶味过喉，而不是只停留在舌面。"过喉

金黄透亮的普洱茶汤

才能成瘾。"王大兴说，"抽烟也一样，烟瘾来了喉咙先知。"其实喝酒也是这样，许多上瘾的东西，都有过喉效应。

刘婷泡的茶是倚邦大黑山的茶，恰好也是这几年倚邦茶区最贵的山头茶。山头是理解普洱茶最重要的词汇。山头不一定是一座山，也可能是某座山的某个产茶片区。有些山头的产量很小，估计也就几百斤，有些却多达几百吨。

大黑山在倚邦的弥补村。这里的茶喝起来并不像其他倚邦茶，它既有小叶种的细腻，还有大叶种的浓酽，许多喝茶"老司机"在盲评大黑山茶时都翻了车。"大黑山风土不一样，都是风化石，那些石块，太阳一晒，风一吹，都化为尘土。"刘婷说。大黑山过去最有名的是曹家大坟，我去看过，风水一流。那些价格昂贵的古茶园，就在大坟下首。

与大黑山茶容易混淆的大黑树林产的茶，则出在曼拱村，近年来也颇受茶友追捧。原因无他，森林里的茶就是好喝。去过大黑树林的人，都会被其卓越的生态环境打动，这有点像易武多依树、薄荷塘受追捧的理由。大黑树林，即便是小树茶，甜度也非常高，非常适合一些从绿茶圈转喝普洱茶的朋友。

但有一些人却认为，倚邦的小叶种并不是普洱茶的代表。只有在说普洱茶辉煌历史的时候，倚邦茶才被拿出来佐证，因为它有着金光闪闪的贡茶史。成为贡品是许多农产品宣传的噱头，一些年轻的茶区，常规的做法就是给领导人寄送产品，以便获得背书。

早些年，还有一些特供茶。茶的身价也会随着品饮者的行政级别而发生变化，这倒不是中国特有的现象。茶在日本的流行是因为得到幕府将军的大力推广，在法国是因为受到路易十四的青睐，在英国则是因为凯瑟琳公主的带动。在市场经济年代，富裕阶层喝茶又带动了茶饮新的增长。

除了大黑山、大黑树林，我们还喝了一批长相很有特点的倚邦茶，它的梗是红色的，刘婷展示照片给我们看，确实，长在茶

倚邦猫耳朵

树上梗就是红色的，茶背面茸毛极多。茶树在麻栗树村，采摘地就在那棵叫"太上皇"的茶树边上。茶山的茶树复杂，生态多样，许多人没有见过这般模样的茶，便擅自揣测说，这样的红梗茶，是因为杀青过程中水分没有处理好，尖头堆放导致发酵而产生的。

在生产环境中，确实存在这样的"失误"，但在过去，尖头堆放却是标准的普洱茶制作方式。1973年出版的《云南茶叶生产技术手册》里，就讲普洱茶需要堆放成锥形过夜，通过像酿甜白酒一样的方式获得不一样的口感。在茶区，问话的方式要变一变。比如不能问："你家的茶发酵不发酵？"而是要问："你的鲜叶过夜不过夜？""是平坦放还是打尖放？"

只有正确的问题，才会得到正确的答案。茶叶专家俞寿康也记录过这种普洱茶的制作方式，时间并不久远，就在30年前。而现在"国标"下的普洱茶制作，还不到20年。是什么原因导致工艺再也

捡倚邦黄片

回不去？还是成本。按照过去的制茶方式，采摘回来的鲜叶，要先分拣，把茶芽与茶叶分开，便于分锅杀青，单单这一步，就需要动用很多劳动力。有人在易武坝田做过实验，按照古法制作普洱茶，制作一斤茶的劳动力成本会增加到150元左右，而这笔钱，也差不多等同于目前的利润。现在，只有极少数玩家还在继续用这种古老的方式做茶。

茶叶里，发酵是一个非常专业的词汇，即便是老茶客，也搞不清到底是什么意思。比如，现在茶的六大类的划分，是以发酵不发酵为核心展开。

绿茶是不发酵茶，红茶是全发酵茶，乌龙茶是半发酵茶，普洱茶是后发酵茶，白茶是微发酵茶。但是，按照生物学的说法，发酵必须有微生物参与，但红茶制作中显然没有微生物参与，与发酵也没有什么关系。所以，在售卖过程中，卖茶人又回到了古老的叙事逻辑：地名+茶名，如安溪铁观音，武夷岩茶，云南普洱茶，祁门红茶。

也有一些例外，比如安吉白茶其实是绿茶，六安篮茶其实是黑茶，而对普洱茶到底是什么茶，现在争议很多。生茶头几年是绿茶，后几年是黑茶？普洱茶在学术上"闹独立"是许多专家"叫嚣"的事，茶客并不关心这个。他们关心的是，普洱茶为什么会如此复杂？

喝茶是一个不断提问的过程。

茶桌前，一杯茶往往会牵引出一连串往事以及大量新知识点，这是普洱茶的魅力，总有说不完的话题。

倚邦晒青毛茶

今年的倚邦茶很磨人，放眼望去，簸箕里黄片（老叶子）多得让人目不暇接。为什么？一是今年气候太干燥，水分供给不足，茶叶在树上被太阳过早晒枯萎了。二是小叶种本身持嫩度不高，容易长老。要是按照易武三到四叶的采摘法，倚邦的成品量就要少很多。

长期以来，倚邦并非一个雨水充沛的地方。倚邦茶中最为人津津乐道的猫耳朵，是干旱的气候造就的。猫耳朵是因茶叶团化，长得非常像镜面草，又像小猫耳朵而得名。茶人的命名萌化了倚邦茶，想象一棵树上全部都是团形猫耳朵就让人忍俊不禁。通常一棵树上有十几片这样的叶子，要挑出357克的猫耳朵，是一项大工程，这也是猫耳朵贵的理由。现在一公斤猫耳朵动辄2万元的起步价。

一份民国时期的档案说，倚邦茶叶小，质轻，每人每日仅能采湿茶十一二斤不等。昼则采茶，夜则焙制，揉拣，日夜辛勤，尚不得以饱暖，及次日，晒干约得细茶一二斤左右，粗茶一斤不等。细茶每斤约得银一角二三仙，粗茶每斤不过五六仙，总计每日所得不过三角左右，仅足供伙食费而已，而衣、住两项根本无暇顾及，至于医药所需及每年应纳户折钱粮各款，更属无着。

"仙"是民国年间对美分 cent 的音译"生脱"的简称，现在香港、台湾仍用，倚邦茶很早就融入了国际化的大潮流之中。

现在茶山的采茶工，包吃住后每天的工钱约200元，主要是红河人。采茶工的工资，有计时的，一天150元到200元不等；有计件的，一公斤10元到20元不等；计件计时各有优劣，"计件摘得老，计时下班早"。西双版纳一直以神奇美丽著称，却地广人稀，始终没有出现人口的大增长，这里的村也好，镇也好，很少有其他地方那般的大村落，有些地方人口少得只有十几户，刚好凑够一个村民小组要求的最低户数，有些地方实在找不到本地人，只好允许外地人入村落户。

今天一起饮茶的陈先生，前些年到南糯山姑娘寨建房，就有当地"凑人头"的需求，不过现在他经营的民宿生意很不错。

只要延长时间周期，西双版纳完全就是移民者的乐园，但千变万变，茶这个养家糊口的核心没有任何变化。

一起喝茶的还有位来自北京的李先生，他在这边做建筑设计。用他的话说，来到西双版纳，想不爱上茶都难。走到哪，都有卖茶的。坐在哪，都要喝茶。现在也有要求与茶相关的配套设计。李先生有些感慨，告庄这个地方，才几年时间，就变成一个大茶城了。

"连对面那家卖老挝咖啡的，都有普洱茶在卖。最神奇的是我去一家理发店，里面都在卖普洱茶。"

李先生是龙成茶行的老主顾，对大路货兴趣不大，逛逛告庄，家家都是班章冰岛、曼松薄荷塘，他直接点了古六大茶山中很难喝到的革登，还要喝往年的茶。刘婷嘱咐大女儿上二楼去拿茶叶，一楼没有陈年的革登茶。二楼是她自己搭建的，买的时候就是看中了5米高的层高。51平方米的地方，楼上当仓库，摆放一些常规卖的产品。楼下还隔出一间来做卧室，主要是给小女儿睡觉用，有些时候关门太晚，可以先让小孩睡一会儿。大人中午也可以在这里午休。

墙上挂着书法字画，是四川一位书法家的作品。吸引大家注意力的是一组挂件，全部由普洱茶压制而成，中间是大大的"福"字，两边条幅是两句吉祥话，"有德有富"与"顺心发财"。

"压制了10多年，木框都换了好几回，以前中间的部分是平整的，你看，现在都成弧形了，中间部分凸起来了，也不知道再挂下去会怎么样。"远远看去，这些艺术品流光溢彩，满是包浆，充斥着油性。

油性是一个品鉴词汇，经常在判玉中出现，现在也被用来说一款茶的品质。

有家普洱茶企业在15年前做了许多这些造型的艺术品售卖，近些年反而没有做了。普洱茶的可塑造性确实会引发一些创作冲

用茶叶压制成的对联

动，有些企业做了超级大的茶饼，耗费了几十吨茶叶；有些茶企将普洱茶做成了茶钟、茶柱。最多还是各种金瓜，大大小小的金瓜叠起罗汉来，煞是好看。

为什么现在做普洱茶造型的人少？刘婷给的答案是，原料贵了，茶叶卖得起价来，没人来整这些花里胡哨的东西。

李先生从装饰的效果来看，觉得以后这样的装饰艺术蛮有市场。现在许多商店，用带笋壳的七子饼来装饰，也非常别致。尽管新包装层出不穷，但竹笋壳依旧是茶老板的首选，这是连接传统很重要的部分。

平日里，刘婷就在坐在木桌前，招待来自天南海北的人。有些时候会是香港的陈百祥、深圳的张先生，有些时候会是北京的李先生，有些时候会是广州的赵先生。刘婷要记下这位先生喜欢吃农家乐,那位先生喜欢吃傣味。

农家菜的江鱼有劲道,老挝火锅的牛肉更耙,曼飞龙的烧鸡只适合手抓。

饭点前点好菜,人走到菜刚好上好。细心的招待令人如沐春风。

刘婷新买了一栋400多平方米的房子,在告庄的另一个寨子,反正外地人也记不得那么多寨子名字,我们走着走着就到了。刘婷的先生郭龙成在这里当监工,他这几天正在忙着装修,设计方案改了几次,都不太满意。加上疫情,房子过户后闲置了差不多一年。新店装修工期长、噪声大,经常有人投诉,这是常有的事。

他们也投诉别人。前几天,老店楼上装修,没做好防水,结果漏水,搞坏了不少茶。一个地方,有人出,有人进,生意嘛,就是生生之意。

老店周边主人换了一拨又一拨,只有龙成号还一直坚守在这里。普洱茶没有想象中那么好做。我问刘婷有什么诀窍?她说产品要好。现在许多人只把卖普洱茶当作一门生意,租个铺面就开起来,从来不想要卖给谁。

龙成号所在的位置,不临街,不显眼,甚至连一个公众号、一个微店、淘宝店都没有。客户大多是多年积累下的,有些客户甚至是20多年前的。

告庄什么时候变成了大茶城?

2014年我们来告庄,人很稀少,茶客更少,整个大街上空荡

龙成号告庄老店

荡，龙成号在这里显得另类、孤寂。如果在旅馆遇到个熟人，惊呼声惊天动地。在景洪当地，许多人一开始都不看好这个全名叫"西双版纳告庄西双景"的地方，原因很简单，版纳人都懒得过江过桥，去那边有啥好玩？然而现在，从那里到龙成号，要挤出一斤汗。外地游客扎堆在告庄，白天喝茶娱乐，晚上吃喝逛夜市。

告庄星光夜市

一位朋友说，过去的西双版纳，是靠自然风光取胜；现在的版纳，是靠民族风情取胜。从自然到人文，多了很多温暖的东西，也能让人长久逗留。另一个朋友说，西双版纳好呢，白天压茶，晚上压人。

告庄有一个地标建筑——大金塔。有天晚上，我路过的时候，惊讶地发现招牌上多了一个字，"大金塔"变成了"大金塔寺"，以前这里只是一个观光建筑，现在变成了真正的寺院，僧人诵经声不绝于耳。那天我刚从泰国清迈考察古茶林回来，清迈有茶林，但茶林周边没有喝茶的人，也没有会制茶的人。茶树只是一种树木而已，砍来当柴烧，或做装饰品。

茶林要有茶人享用才是茶园，寺院要有僧侣唱诵才是寺院，有人持续地付出才会形成传统。泰国美斯乐，从种植茶园到饮茶传统形成，差不多用了40年的时间，这与印度阿萨姆地区从种茶到形成品饮习惯的时间很接近。

我第一次在告庄大金塔寺附近做茶会活动的时候，喝的酒比茶还要多，当时斗记告庄体验店刚刚开业，大金塔寺还叫大金塔，里面的音乐十分聒噪，茶杯里回荡的都是广场舞的音符。后来到福元昌做茶会活动，旁边商家音响里放的不是音乐，而是反复播放着的"20元一片的普洱茶"，考验着人们的耐心，后来这项"优惠"在众多商家的抗议下消失了。

等大金塔寺出现，我听到的是梵音阵阵，杯底似有莲花涟漪。

5年时间，我们在告庄做了30多场品茶活动，来自天南海北、五湖四海的陌生人，因为茶相识。

有人说茶店做熟人生意，酒馆做陌生人生意，茶会是连接生熟人的桥梁。2020年我本来计划在告庄至少举办30场茶会，但疫情来得猝不及防。我从一个茶会主持人、嘉宾，再次回到了作家的身份。

好了。革登茶汤已经递到面前。刘婷笑眯眯地问："喝喝看是多少年的？"

猜年份是普洱茶桌前最常规的游戏，出现频率不亚于猜山头。

李先生喝了一杯，表情凝重，喉结蠕动，又拿起杯子放到鼻子前，深深吸了一口气，随后把杯子放下，说："再来！"

接连喝了7杯后，李先生神色未变，但他请求看看盖碗中的叶底。

茶叶与茶梗在手指间非常柔顺，筋骨相连，用指甲难以一下断开。

革登普洱生茶

叶片厚有脉络，梗长，是一片成熟的叶子。

他挑出一片不太像叶子的叶子，微微一笑说，"这是鳞片，春茶无疑了。"随后他又请求闻一闻饼面，再问道："一直是在店里存放？"得到肯定答复后，李先生给出自己的答案，茶超过5年，但未满10年，估摸着是8年左右的茶。

答案是7年。李先生有些感慨，还是第一次喝在原产地存放那么久的茶。他平常喝那些超过5年的茶，都是在广东存放的。

至于说北京，他摇头说还是不糟蹋茶了。

判断茶的年份，完全依赖经验，还要有充分的茶学知识。云南仓是近10多年来兴起的，过去云南没有存茶的习惯，普洱茶最大的消费地与储存地都在现在的大湾区，早些年是香港，后来是

革登茶饼面

东莞。不同地方的仓储，对茶叶的品质有着不一样的影响。

"如果是放在东莞，肯定会更醇滑一些，但香气就不如放在这里的。如果在昆明放8年，效果还不如景洪。"确实，我喝过很多在昆明存放超过10年的茶，汤色看起来毫无变化。为了验证这个事实，李先生要求再泡一泡今年的革登春茶。在刘婷准备茶的过程中，李先生捏着找到的鳞片说："这是春茶才有的越冬鳞片，是保护茶叶过冬的，而夏茶、秋茶就没有了。这是判断春茶的一个标志。""但如果把鳞片收集起来，故意放入秋茶中，那不是可以以假乱真？"李先生摇摇头，假不了，这只是一个明显的证据，"春水秋香"，春茶细腻，秋茶高香，各有各味。"不过，还是要多喝才能有很深的感受。"

"你喝了多少年的茶？"

"喝茶有30多年，喝普洱茶也就十五六年吧。当然，经验不仅是喝出来，还有买出来、坑出来的。"

刘婷感慨生意越来越难做，最明显的是，买茶的比卖茶的还懂茶。

新茶已经出汤，汤色金黄透亮。涩味高过苦味，不过，回甘也很快。苦是茶的底色，涩不是。涩通常是日照造就的，所以日本制作抹茶的茶园，经常会拉起遮阴篷，不让太阳直射。现在贵州也开始做抹茶，茶园里也拉起了遮阴篷。

今天喝的茶树所在地，是革登最高峰，是一个朝阳照得到、夕阳也照得到的地方。不涩才怪。

云南茶一直是阳光的宠儿，普洱茶初制环节，核心的工艺便是晒青。鲜叶被采摘后，先被送到初制所摊晾，摊晾的目的是让其失去水分而软化，方便杀青。杀青温度不像绿茶那样高，普洱茶的叶面温度一般不超过80度，不低于65度。杀青后是揉捻，揉捻的目的是让茶叶细胞破碎，挤出茶汁，使茶汁附在茶条表面，增加黏性。之后就是晒青。

新茶有股讨厌的青草味，许多人非常不喜欢。怎么去除青草味？

第一步，温杯。就是在投茶之前先用开水烫盖碗，再投入茶，通过来回摇香减少青草味。第二步，满泡。需要让开水全部淹没茶，覆盖整个盖碗，再盖上盖子。这个时候盖子与碗都会很烫，盖子要认真清洗，大部分青草味都会留在盖子上。第三步，坐杯。注水超过70%，闷泡90秒左右，倒掉不喝。这样可以消除

90%的青草味。

　　泡茶的技巧必不可少，再好的茶也会因为泡法不当而变得不好喝。而普洱茶好喝，也是受益于工夫茶泡法。普洱茶在广东获得巨大的市场份额，一个主要原因就是这里盛行喝工夫茶。而在浸泡法流行的江浙一带，普洱茶市场一直不温不火。过去在茶山，尽管不同的民族有不同的品饮方法，但总的来说，浸泡法是主流。

　　浸泡法是指将茶叶一直泡在容器里，就像我们常见的那种，在玻璃瓶、搪瓷杯、大茶壶里投入一些茶叶，冲进开水，泡出茶汤来喝。工夫茶不同，工夫茶需要茶水分离。刘婷说，第一次接触盖碗泡茶的时候，手被烫得淌眼泪。现在泡多了，知道它烫，更知道如何避免被烫。

　　"兰花香，还是蜜香？"我喝了一口茶，不太确定。

　　"我觉得比较接近兰花香吧。革登茶的香气很特别。"刘婷边泡茶边说。

　　听完她的话，我们都很认真地闻了闻杯底，这香气确实特别。

　　"革登山在古六大茶山中的面积最小，产量也很低，我们今年的春茶产量每亩都到不了20公斤。"刘婷接着说。听到这句话，我总算明白这几年很少喝到革登茶的原因所在了。

　　怎么描述普洱茶的香气，是门大学问。曾经有位普洱茶老资格，也就是常言的普洱茶"大师"，评价普洱茶常用的词汇是"青菜香""米汤香"，另一个大师爱用的是"樟香""陈香"。"青菜香""米汤香"更日常，而"樟香""陈香"更考验想象力，其他

革登茶园

从革登茶园远眺孔明山

的还有"冰糖香""蜂蜜香""花蜜香"等等。

形容绿茶的时候，经常用"豆香"与"板栗香"，红茶用的是"红薯香""松烟香"，乌龙茶用的是"熟果香"，都不是高级词汇，反而有些俗气，但直接、日常、易懂，更能找到广泛的情感共鸣。而兰花香、樟香、陈香这样的词汇，往往会令人不知所措。一个连兰花都没有见过、连樟树都没有摸过的人，他要怎么来认同你所言的香气？

普洱茶的新知令人兴奋，但同样令人疲倦。刘婷决定不再继续折磨我们，拿出了一泡2017年的曼松。大家喝了几泡后，都啧啧赞叹。是真的很好喝。

好喝在哪？

没有窒碍感。从入口，到舌面、舌根，顺喉而下，非常丝滑，没有感觉到涩，甚至苦都被藏匿起来。

梁先生是兰州一所大学的老师，喝了一天的茶，听了一天的讨论，他有些感慨，也有些迫不及待要前往茶山看看。他问我，应该从哪座茶山开始，我笑了笑，为什么不是曼松呢？

上茶山

曼　松

在曼松，茶农见到郭龙成，又兴奋又紧张。

郭龙成经常到曼松巡茶山收茶，大部分茶农都与他很熟。他是买茶大户，但他挑剔。做好的干茶，稍不留神，就会被他严肃批评。

摊晾时间、杀青温度、翻炒时长、揉捻轻重、晒青环境……总有得说。一路上，给他打电话的茶农都会听到老郭的两句话。"带着你做的茶来与我PK下"，另一句是，"收好的鲜叶来我这里做嘛"。PK源于网络游戏中的"Player Killing"，非常流行于茶行业，就是斗茶的意思。

为什么要PK？"要比较才会进步，你看那些电影里的高手，哪个不是去比武比出来的?"老郭说，如果在源头就注重技术，那么茶的整个品质都会得到提升。

老郭的初制所在曼松附近的革登茶区，那里有三个寨子，郭家的茶厂就在新酒房与新发老寨交界处。

郭龙成在曼松试茶

　　如果非要找一个地标的话，就在阮福所言的茶王树附近。在历史中茶王树早已死去，但现实会一再让它复活。为什么选在那里？老郭说，是缘分，第一眼看到那块就喜欢，想着砸锅卖铁也要买下。再说，那毕竟是诞生过茶王树的地盘啊。

　　今天，郭龙成只收鲜叶。但招待我们吃饭的刘芳家没有鲜叶，清明过后，头春茶采摘得差不多了。曼松今年茶发芽比其他地方要晚一些，还有一些茶树来不及采摘。老郭便打电话四处问询，谁家有鲜叶卖。

　　昨天晚上，郭龙成就打电话给刘芳，让她把鸡留好。茶山的

曼松茶园

鸡白天都在山林里，根本抓不到，只有等晚上它回鸡窝，打着手电将它拎出来用篮子罩起来。有一年我去困鹿山，没有与茶农事先说好，临时去林子抓鸡，真是弄得鸡飞狗跳，灰头土脸，最后还是没有吃成。

曼松村只有48户人家，民居举目可收眼底。村前屋后都种植有茶树。被老茶客追捧的大树茶，在深山老林。老树茶，刘芳家今年只收到一点点。就晒在门口的簸箕上，这一点点曼松古树茶，抓一把就没有了。但这一把，价值千元。

刘芳为我们泡了一泡刚晒好的毛茶，清爽可口。刘芳是革登人，嫁过来刚好赶上曼松茶价上涨，她开玩笑说自己嫁对了地方。

有电话来说，村下的李建明家有鲜叶，让我们去看看。穿过正在盖的新居，我们来到李建明家。新居前停着两辆车，广州牌照和昆明牌照。李建明刚结婚不久就生下小孩，大家都拿这个作为笑点。媳妇是宁洱人，在景洪认识的。

郭龙成说，现在已经形成一个模式，小伙子小姑娘去外面，不是为了打工，而是为了找对象，一找到对象，马上回家。从收益来说，外面打工一个月的工资，还不如回家采摘一天的茶叶。

今天李家的鲜叶全部都被远道而来的广州茶商余先生订走，老郭有些失落。为余先生带路的小女孩，是曼庄寨子的，距离老郭家茶厂不远。她知道郭龙成的茶厂和茶园，但以前没有打过交道。

有很多客人对古六大茶山的茶有浓厚兴趣，现在这个区域，除了曼松以及易武一些小村寨茶价比较高外，其他地区茶价还算比较公道，也是许多茶客追捧的对象。

郭龙成200多亩茶园的茶，开春就销售一空，他现在的主要任务就是帮客户收一些茶。

到茶山需要引路人，熟门熟路，可以省下时间、金钱，也更容易融入当地茶圈。我们遇到的革登女孩就是这样的角色，今天郭龙成也扮演这样的角色，只是老郭是当地比较大的毛料商人，也有自己的品牌。在纯粹做毛料生意的时代，老郭一年毛收入2000万元，净利润只有几十万元。

郭龙成、刘婷夫妇，整年都带着小孩上山。一个收茶、做茶，一个卖茶。很多年前就每年销售上千万元。从上山开始，郭龙成的电话就没有停过，他一路问询鲜叶收购，刘婷则一路回答客户需求，收的茶经常不够卖。

赚没赚到钱，茶农从他们开的"霸锐"车就能知道。一路都有熟人问："换车啦？多少钱？"奔驰宝马老百姓是知道的，但眼前这个车标，看着陌生。感觉是好车，但不知道是啥。老郭随口说是借的，茶农这个时候就会很仔细地看着我，我只好再指着后座的刘婷。

郭龙成说，现在许多茶农买得起这个车，只是不太实用。在茶山，皮卡车更实用一些。一路上，我们遇到许多皮卡车，价格都不菲。有一些挂了老挝牌照，一辆国内价值30多万元的车，办成老挝牌照，可省下一半的钱，只是略微麻烦，每个月要开出境一次。

并非每一个人都愿意像郭龙成这样买一块地，开一个初制所，开一个店面。这样成本很高。在西双版纳，茶最初只是作为旅游业的特产出现，现在，茶变成了当地一项支柱产业。

到曼松的广州人余先生说，他选择亲自上茶山收料，是因为这样才可以收到真货。"上茶山，无论是时间成本，还是价格，都比从其他地方购买更高，但为了喝到真货，不得不来。"不信任体现了从茶园到茶杯的焦虑，也是茶山最常态的情绪。

郭龙成只收鲜叶也是怕收到假货，路上，他为大树茶与小树茶做了一个形象比喻。"鲜叶，好比少女与老妇人，闻起来气味不同，摸起来更不同。但杀青后的毛料就没有那么容易辨别，除非你泡后再看叶底。"为了让我印象深一些，他带我看大树茶与小树茶叶面，大树茶叶面更混乱，不像小树茶那么有规律。

曼松茶树

　　大树茶样子不好看，条索也如此，所以在大树茶没有流行的时候，从品相上就输给了小树茶。

　　曼松茶区，主要是中小叶种，一些茶学专家和政府部门把云南普洱茶定义在大叶种范畴，传递了某种认知论上的偏见。同时也表明曾经的古六大茶山倚邦茶区的衰落，这里茶量少，大企业少，如今没有多少话语权可言。

　　喝茶聊天的时候，因为我发了有李建明照片的微信，引来许多熟人围观，有8个人认出了李建明，称呼他为"三哥"，一位朋友甚至打电话给李建明，要他用好茶招待我。小伙子跑到屋里，

曼松鲜叶

拿出一泡难求的曼松大树茶。

置身在社交媒体时代，个人信用更加重要。

因为曼松停电，只能用柴火来烧水。三哥得知我是位"文化人"后，坦言曼松需要注入文化的力量，来这里的文化人实在太少了。但曼松还需要文化吗？这里价格已经高得离谱，不要说是小树茶，连种了七八年的小小树的茶都被包装得价格离谱。

小伙子问我，你是读书人，能给我查查曼松有贡茶的记载出自哪里吗？我说翻遍了史料，也没有看到曼松出贡茶的记录，只找到坝子茶以曼松为佳的记载。他有些失望，大约觉得我水平不行。但没关系，你的曼松茶好喝就行。我又安慰他说："以前整个古六大茶山都是贡茶，肯定有曼松的。当然，也许是我阅读有限，回头帮你问问其他研究这些的人。"清朝皇帝出身游牧民族，更喜欢大叶子的茶，因为用它打奶茶喝起来舒服。小叶子茶，比如龙井，就是装文人的时候饮用，比如乾隆。

喝茶闲聊中，刘婷给我看他们当年到曼松的照片。天啊。那个时候的刘总，头发蓬松，是多么杀马特啊，多么可爱。那个时候的郭总，帽子歪戴，蹲在路边，品着茶农带来的曼松茶。

2004 年的曼松，荒草丛生，黄色的泥巴路，进山全靠摩托车。

2004 年，曼松一个寨子的小树茶（干毛茶）才两三百元一公斤，除了极少数的茶叶被外面来的散客买走，大部分茶叶都被郭龙成收走。2008 年左右，曼松村里有人要卖一块茶地，100 亩不到，要价 10 万元，郭龙成很感兴趣，也没讲价，忙着四处借钱凑那10万元，后来钱凑够了，但对方临时变卦，涨价至15万元，他只好放弃。

郭龙成最后带我们去了彭真寿家，她的女儿彭玉梅还在龙成号上过班，他们就像一家人。彭真寿告诉我们，现在的曼松包括曼松村和王子山，但不包括背阴山。背阴山是单独的一个村小组，属于蛮砖村委会管辖。曼松原来的老寨在王子山脚下，因为喝水成问题，在1986年左右搬迁到现在的位置。

茶叶价不好的时代，村民主要依赖种玉米、稻谷、黄豆、花生这些农作物过日子，还要养猪、养牛、养鸡才能活下来，与其他农村没有太大区别。2001年曼松开始种橡胶，坝区茶树被成片砍伐。2007年到2008年，曼松茶开始好卖，越来越多的人开始关注曼松茶，价格起来了，生活也就慢慢改善。2020年的价格更攀高峰，小树茶干毛茶2000多元一公斤，古树茶的鲜叶都到8000多元一公斤。现在已经没有人种橡胶了，一路上，我们经过很多成片成片的橡胶林，因为价格不好，已经很久没有人割橡胶了。

在彭真寿的记忆里，过去曼松的茶地没有人管理，也没有专门分配过茶树，包产到户分地后，分到的地里有几棵茶树就是几棵。"我们原来是种地，1980年左右的时候茶叶不值钱，农业管理就是刀耕火种，每一年都要放火烧山，都要犁地。为了不影响农作物的生长，古茶树都还要砍掉、挖了扔掉，因为茶叶没人要。"

这一系列的问题，导致现在曼松区域内的山都没有成片的古茶树，彭真寿说："东一棵、西一棵，比较分散，这座山有几棵，那座山有几棵。平均下来，一家有十多棵古茶树。"当然，这十多棵古茶树也不是集中在一起，这座山两棵，那座山两棵，而曼松茶的价格，也因此贵了不少。

曼松干茶

彭真寿一家整个春茶季，大概能做2吨干毛茶，遇到干旱，产量就会大幅度下降。茶叶长势好的时候，一天就能采摘100多公斤鲜叶，小树茶比较多，古树茶比较少；春茶季能做出10多公斤古树茶，一年能做出20多公斤古树茶。

曼松茶的特点是滑、柔、香、甜，为什么会有那么多山头脱颖而出？当地人的说法是因为特有的土质。又是一个"地害出好茶"的典范。在云南茶区，这是一句很常听到的话，地害的意思是不肥沃。曼松土壤中有大量风化石，茶树长得非常慢。

倚邦：太上皇

我们决定去看一棵今年名气很大的茶树，名字好记——"太上皇"。

在茶王树遍地的古茶山，要脱颖而出，需要在命名上下功夫。这些年，古六大茶山的名气被茶界新秀冰岛、班章压下不少，当地的茶农愤愤不平，不就是缺商家炒作？

好了，今年终于有人来爆炒了。这一轮"太上皇"秀，让倚邦麻栗树村在茶圈着实火了一把。以前来倚邦的人，都是逛逛老街就走了。现在，非要去看看茶王树才走。老班章的茶王树、南糯山的茶王树都成了"风景名胜区"，革命老区倚邦不能落人之后。

通往"太上皇"的路上，已经建好了供游客使用的洗手间。主人说，自从"太上皇"横空出世以来，这里整片茶地都被人包下了。新配置的露天茶室，很适合一群人喝茶聊天。

"太上皇"树高18米左右，长势极好，丝毫没有萎靡状；从

茶树在林间肆意生长

土壤上面的根部分杈，长成两棵，挺拔、清秀。为了采摘方便，主人还搭建了高大的架子；为了防止参观人员靠近，周围还弄了围栏；四周彩旗飘飘，很像庆祝节日。

"太上皇"古茶树的地势与南糯山老茶王树的地势极为相似，都在陡坡上，下方一览无遗；古茶树下面有一棵参天大树，与古茶树相呼应；四周分布着相对低矮的茶树，有些还比较小，与一个成年人的高度相似。

郭龙成说："现在麻栗树茶的价格跟倚邦产区的比较接近，今年因为'太上皇''老佛爷'古茶树的炒作，村里茶叶的整体价格都跟着上涨。"

麻栗树村产的柳条形的茶叶，称为"细叶子"，因为追的人多了，价格也高了起来。因为太细，采摘不方便，比如大叶种茶在一个时间段能采摘10公斤，细叶子只能采摘两三公斤。细叶子茶的芽头细细的，即使是冲泡过的茶叶，其形状也非常漂亮。

茶商评价，在倚邦产区，麻栗树村的茶叶比较漂亮。麻栗树村的茶农做茶比较认真，做出来的茶叶条索漂亮，黄片也拣得认真，收购他们的茶叶比较省心。

倚邦茶农在采茶

对于茶叶价格，麻栗树村里有两种意见，一种是希望卖高价，另外一种是希望价格适中，这样可以多卖一点。

麻栗树村茶农李云心显然属于后者，他说："一些茶农想卖高价，就选择把茶叶留下来，但实际情况是，很多茶农的房子并不具备标准的仓储条件，最后把茶叶放坏了，留成一堆豆豉。"

"留成一堆豆豉"，形容品质极差，这个比喻非常形象。他说："不值钱了，没人要，损失更大。茶树年年发，留茶叶不划算。"他希望在价格合适的情况下出售，不能太贪心，争取把茶叶全部卖出去，销量起来了，收入也不会差到哪里去，这样能保证茶农的收入稳定，也更有利于茶农与茶山的长远发展。

劳作归来的倚邦茶农

麻栗树村的茶地包括叶家寨、龙家寨、三家村、大桥头，其中面积最大的是大桥头，古茶树分布较多的是三家村和大桥头。

得益于这几年茶叶价格的上涨，麻栗树村盖了很多新房，都是三层的小洋房，居住很舒适。李云心家也一样，新房子为三层小楼，层高很高，不压抑，总体建筑已经完成，进入装修阶段，造价已过80万元，预计还得花20多万元。第三层盖了一半，留了一半，他说想栽种点花花草草，旁边预留一间房作为茶室。站在顶楼，能看到弥补村、大黑山茶地以及曼拱村、大黑树林茶地，视野极佳。

山林与茶园

李云心拿了一袋大黑山的小树茶给我们喝，口感不错，最后袋子里的茶都被几个人分掉。

李云心的母亲叫陈焕兰，77岁；父亲叫李东培，84岁，老两口身体都比较好。李东培是四乡人，参加过攸乐兵，是被抓壮丁抓去的。1963年来到这里。

陈焕兰家以前并没有茶树、茶地，茶树、茶地都是地主家的，种地要交租给地主。土改的时候，地主家的茶树、茶地全部分给农民，各家都有一点，还分了一点田地。吃"大锅饭"的时候，茶地又归合作社，一个村寨吃一锅饭，之后，村寨又分为队，大家凭工分吃饭，劳动力强的，干一天能得到10个工分，差的三四个工分，一直到包产到户（1980年），各茶地再次被分出来，一个人分30亩，全家11个人，总共分到了330亩。

过去，茶农必须把茶叶卖给茶叶公司。陈焕兰告诉我们："供销社成立茶叶公司，我们把茶叶交给茶叶公司，但茶叶钱由合作社换成粮食，然后按工分换算各家该分的粮食，把粮食分给茶农。"当时的茶叶公司就在倚邦老街，就在现在的篮球场那里。"辛苦一年，基本能填饱肚子。劳动力少、娃娃多的，极有可能会饿肚子，我们家没有饿过肚子。"

当时茶分为10个等级，一级茶一市斤能得到5个工分，合作社根据村里的具体产量来换算粮食进行分配，没有固定标准。以前炒茶是用大铁锅，煮饭、煮猪食、炒茶都用同一口锅，用的时候都会洗干净；炒出来的茶叶，一锅不同一锅，味道也不好。

茶叶收购标准不讲究味道，只看粗细、条索好不好看、黄片多不多。收茶时，会先摆放茶叶样品，以他们的样品为标准进行分级。

那个时候，生产粮食为主，茶叶只做春茶，其他季节是不做的，茶树有几棵就是几棵，只有古树茶，没有现在的小树茶。

麻栗树茶的价格这些年也慢慢起来了。以前满满的一袋子干毛茶也只能卖10块钱。一个袋子可以装几个人。私人茶商进村里收茶，大概是十七八年前，有人带着台湾茶商进来收茶，当时古树春茶是20多块钱一公斤，当时已经算是价格高的了，当然，茶叶品质也是最好的。到2006年左右，卖到了400多块钱一公斤，到后来又跌下来。现在来村里收茶的茶商，比较多的是广东人，其次是北京人、上海人。

平常村民如何喝茶？

陈焕兰说："平常用大茶壶冲泡喝，我们天天茶水泡饭，一天三顿都喝。"

倚邦老街一瞥

第二天早上7：30，陈焕兰叫我们起床吃饭，我心里想吃得真早，等我们到了隔壁的厨房时，我惊讶：还真的是吃早饭，不是吃早点——有几个菜和煮好的饭，而早点一般都是米线或者面条。她说："这里采茶比较早，春茶季的时候6点就要起床吃饭，因为采摘工人要进山采茶，8点准时采摘。工钱是120~150元一天，有的工人采摘比较慢，一天采摘不了多少，但工钱还不能少，如果按斤头（称重）算工钱，有的工人会把老叶子也采摘回来，卖不出去，因为外面来的老板不要这样的茶叶。"

　　陈焕兰吃饭的时候确实是用茶水泡着饭吃，她吃得很自然。"现在村里还种玉米、砂仁、坚果、橡胶等，担心哪天茶叶不值钱了，给自己留条后路。现在茶叶比过去值钱多了，过去麻栗树村很穷，这里的女孩都选择嫁出去，但外面的女孩不愿意嫁进来。"

　　麻栗树村并不大，隶属于倚邦村委会，是一个村小组，依山坡而建，现在整个村有35户人家，总共100多人，都是彝族。

　　普洱茶兴旺起来，改变了茶山面貌，也改变了百姓的生活，茶农罗桂文在被称为茶农之前，是胶农。

　　罗桂文家在村尾，紧挨着茶园，房子是搭建的棚屋，下雨的时候雨滴打在金属棚顶上，声音很大，我们交流时声音不得不放大点，不然完全听不清。他说自己在村里也有房子，但考虑家里和老母亲的实际状况，还是选择住在这里。

　　罗桂文给我们冲泡的是春茶，虽然是小树茶，但喝起来还不错，我猜可能是因为生态环境较好的缘故。罗桂文说："自己家的茶树树龄偏大，想养几季再采摘，所以放弃了雨水茶的采摘。茶树养上一两年，发的茶叶会更好。"当然，他不会闲着，茶树休养的这段时间，他就去割胶，把生活费赚回来。

　　罗桂文要去割胶的地方在勐腊县城下去一点，在江边上的关累港口，位于中缅交界处。那里，是他媳妇出生的地方，有他自家的橡胶树，也有媳妇家的橡胶树，加起来有七八十亩。这些橡胶树割完后，再去割农场的橡胶树，帮农场割胶只是赚辛苦钱。他说割胶不划算，烤好的橡胶才8块多一公斤，割胶一年仅能赚到三四万元。

倚邦茶芽

倚邦茶果、鲜叶和干茶

正在晾干的茶饼

对比一下现在的茶叶收入，罗桂文的天平已经明显往茶叶倾斜了。尽管去年茶叶减产，只有三四万元的茶叶收入，但他说今年会好一些，今年仅春茶收入就有6万元左右，而且做茶叶比割胶要轻松很多，不用背井离乡，还不会满身臭味。他说："今年还会去割胶，明后年就不知道了。如果在家里做茶，能把生活费赚足，那就没必要出去割胶了。"

罗桂文家的茶树不算少，古茶树只有一片，就在搭建的棚屋旁边，小树茶比较多，加起来总共有30多亩。罗桂文家有5口人，有2个孩子，大的是儿子，30岁，跟着罗桂文割胶，没有回来做茶；老二是女儿，才7岁，读小学一年级。罗桂文的老母亲听力不太好，但精神状态不错。

离开景洪，往古六大茶山方向开车，一路都是橡胶树。开始会怀疑：这是橡胶山，还是茶山？在倚邦，在易武，多次听闻橡胶老板跑路的故事。养了几年树，还没等到收割，橡胶价格就垮了。

橡胶树与茶树都是经济作物，植物之间的竞争也颇为激烈。曾经砍茶树种橡胶，现在许多茶农则在橡胶地里套种了茶树，一些已经可以采摘，不过，茶商并不要这样的茶，他们说有一股橡胶味。

罗佳文家棚屋四周都是树木，其中有一棵巨大的大青树，格外醒目，根部粗壮，四五个人合抱都抱不过来；结的果实绝大多数都在树的中上部，尤其是上部，一串串、密密麻麻的果实，着实诱人。

倚邦：猫耳朵

从营销的角度看，"猫耳朵"绝对是一个十分成功的名字。

它好记，多少人记不住倚邦、曼拱，却独独记得猫耳朵。

它有画面感，仅凭名字就能让人联想到圆润小巧的叶片，煞是可爱。

主要生长于倚邦曼拱地区的猫耳朵茶，过去被称作"豆瓣叶"或"鸡舌茶"。它叶片轻，不压秤，节间短，难采，一天下来只能采二三两，因此茶农往往将它留在树上不采。即使是在中小叶种遍地的倚邦，猫耳朵茶的叶片也比其他茶要小上一圈。不知是哪位营销天才，将这些小号茶单独挑选出来制成产品销售。

2013 年网络上还难以找到有关猫耳朵茶的记录，到了 2015 年，猫耳朵茶就成了贡茶遗珠，去倚邦不看不喝猫耳朵等于白跑一趟。2018 年，猫耳朵茶的价格已经涨到了 4000 元一公斤，和倚邦古树单株价格一样。而在 2019 年冬季，我们到倚邦老街采访时，4000 元已经买不到一公斤猫耳朵茶了。2021 年，挑采的猫

倚邦猫耳朵

耳朵茶，已经到了 20000 元一公斤。

汉字的魅力就在这里，"丙岛"改名为"冰岛"后知名度一飞冲天；将"豆瓣茶"改为"猫耳朵"，同样带来了翻天覆地的变化。

想象和现实总有差距，真正看到猫耳朵茶的叶底，你会发现并非所有猫耳朵茶都有着圆圆的叶片。

倚邦茶农自海彪告诉我们："猫耳朵有两种，一种叶子是团形的，有两片叶子，没有芽头，就是两片小而可爱的叶子，特别像猫的耳朵，倚邦茶区猫耳朵的产量比较少。另外一种是细叶子茶，也称为'雀嘴茶''鸡舌茶'，是倚邦茶区小叶种中的小叶种。相比团形的猫耳朵，细叶子茶产量高，基本上每户人家的茶地里都有。雀嘴茶只有古树茶中才有，与乔木茶、生态茶区别开来，雀嘴茶占古树茶产量的三分之一。"

倚邦茶的价格也可以从这个角度来划分，猫耳朵需要挑（茶）树做（采摘），正宗的两片团形茶，产量少，采摘也麻烦，有茶商要做这种茶，首先需要确认是不是猫耳朵，还要守着采摘，且采摘效率低。谁来确认一片茶叶是不是猫耳朵？目前这个话语权主要在茶农手上，茶农说是，买茶人看着也确实小，那就是了。但一定要有几片圆形对开叶在里面，好拍照。

即便如此，市场上追捧猫耳朵茶的人却年年递增。纯纯的团形猫耳朵茶价格是最高的。雀嘴茶的产量比猫耳朵茶大，价格也随之降下来，二者混合而成的"猫耳朵茶"是市面上猫耳朵的主流。其次是古树单株，但价格并不固定，要看茶树有多高、有多大，依据产量来定价。再次是古树茶，又次是大树茶，最次是乔木茶，即近十年种的茶。

如今倚邦产区的古树茶采摘是混合采摘，不分小叶种、中叶种和大叶种，因为倚邦的茶树大多数都属于小叶种，中叶种的价格和小叶种一样，大叶种的价格会便宜些。但相同的是，在采摘时会尽量采摘得嫩一些，不然黄片会很多，挑拣黄片也很麻烦，费工费力。

事实上，我们现在已经很难去严格区分倚邦的茶树到底是大叶种、中叶种还是小叶种了。本来茶树的叶片就受到环境和营养状况影响，土地贫瘠叶片自然就偏小。而倚邦茶园中的一些茶树，发出的芽头虽小，位于顶部的成熟叶片却可以长得比手掌还大，同一棵树上往往能发现大、中、小三种大小的叶片。而在一棵典型的团形猫耳朵茶树上，也并非所有芽头都能长成团形。

茶树作为一种异交型植物，很容易

倚邦小叶古树

倚邦茶山

产生杂交变异，一棵树上出现多个品种的特征并不奇怪。值得关注的不是茶树叶子的大小，而是为何会有这样的杂交？

乾隆年间，檀萃《滇海虞衡志》（卷十一）中记载："入山作茶者数十万人，茶客收买运于各处，每盈路，可谓大钱粮矣。"可见当时古六大茶山对外交流之盛。倚邦在清朝是古六大茶山的文化和政治中心，外来人口来得最早，也来得最多，来的人自然是来从事茶生意的。从四川、江西、石屏来的异乡人在迁徙和流动的过程中把家乡小叶种的茶籽也带到了这里，这些茶籽在此落地生根并和本地的大叶种杂交产生新的后代，新的茶树便逐渐杂糅了大叶种和小叶种的特征，长成了小叶形的小乔木，兼具了小叶种的高香和大叶种的浓郁。

斯人已去，却留下了大片独特的古茶树，它们是这场文化交流的最佳见证者和最好成果。

倚邦猫耳朵茶的产量虽然少，却因为价高难制作成为工艺讨论中的焦点。外界期待的猫耳朵茶味道应香甜可口，香气高，整体倾向于炒青绿茶，因此在杀青环节，需要高温快速杀青。猫耳朵茶之所以如此受欢迎，也与其接近绿茶的口味有关，绿茶审美依然占领了茶的主流地位。这样一来，更考验制茶师的水平与理念。之所以提理念，是因为当下的工艺受市场的引导，准确地说，是受外来客户的引导。

倚邦老街

　　自海彪16岁的时候到松树林的万亩茶场学习炒茶、压饼、包饼茶，18岁的时候就会自己炒茶。较早的时候，炒茶是用平锅，很难炒，时间长了腰会疼，后来斜口锅引进来了才稍有改善。以前，农村里做饭和炒茶用的是同一口锅，茶叶炒熟了就可以，没有什么要求和标准。现在，如果客户订好要什么茶，会进来指导如何做茶，茶农也会按照客户的要求制作茶叶。

　　成就一杯好茶的条件实在太多了，比如品种、生态环境，比如制作工艺、仓储，一环扣一环，缺一不可，专家有专家的见解，而茶山的茶农也有自己的理解。

　　2020年，干旱、疫情对茶山的影响比较大，曼拱的彭继五说："春茶发得晚，鲜叶比往年少了很多，同时进来的客户也不多，到四月份的时候茶树才集中发芽，但那个时候价格已经不如前两个月了。"说起2020年的价格，他实在乐观不起来，尤其是6月的鲜叶价格更低，小树茶的鲜叶价格低到影响茶农采摘的积极性。

　　供需关系不仅决定了茶农的农事节奏，还决定了他们如何做茶，如何喝茶。

　　曼拱没有人做熟茶，主要是做普洱生茶、红茶和月光白。现在小树茶鲜叶价格低，彭继五也用自己家的鲜叶做了一些红茶，他准备去拿来冲泡给我们喝，郭龙成开玩笑说："这种事么，我自己来。"说完，郭龙成起身去彭继五家的制茶车间拿了些红茶回来冲泡。彭继五很真诚地让我们提提意见，这个郭龙成有话语权。郭龙成喝过后，也真的指出其不足之处，并提了意见，还说了改

晒青茶叶

进的环节与方法，他说："这种事情没有必要藏着，大家应该共享，这样才能把茶叶做好，对大家都有益。我那里培养了几个炒茶工人，会炒茶叶后就辞职了，因为有人来挖，炒一公斤鲜叶加两三块钱就挖走了，但我也不介意，至少我忙的时候，还可以打电话叫他们过来帮忙炒茶。"

过去倚邦喝茶，用茶罐煨茶喝，用大茶壶冲泡喝，如今家家都有窗明几净的茶室，只要有买茶的客人来，一定邀请他坐进茶室，烧水备具，一样不落。不过，想要喝到猫耳朵茶，还得多接触接触，先喝两三款茶，等到茶农认为客人有实力买茶，客人也认可他家的茶时，由买方提出试饮，茶农这才会拿出好茶招待。你来我往，于无声处互相试探，这是如今茶山的买茶卖茶之道。

倚邦：大黑山与大黑树林

倚邦有两个"大黑"，一个是"大黑山"，另一个是"大黑树林"，二者常被误以为是同一个地方，许多卖茶人也搞不清，在朋友圈里说"大黑山"别名"大黑树林"，就是典型的胡扯，让买茶人厘清二者变得更加困难。

大黑山，属于倚邦弥补村茶地，与之相近的茶园有细腰子、龙过河和叶家寨。弥补村的茶早就受欢迎，近两年，又以大黑山茶最为突出。因其有类似曼松茶的细甜滋味，还有蛮砖茶的浓强度，使之成为倚邦地区价格仅次于曼松茶的存在。

大黑树林靠近曼拱。之所以被称作大黑树林，自然是因为这片茶园隐藏于茂密的森林中，茶树生得高大，在爱茶人眼中就像是倚邦地区的薄荷塘。

大黑山甜柔，大黑树林气韵深厚；同样是倚邦的顶尖代表，一个赛曼松，一个比肩薄荷塘，二者自然不能混为一谈。

从弥补村到大黑山山顶处有7公里，到离大黑山近一点的位

大黑树林，道路两边都是茶园

置只有2公里，但路实在不好走。即使是郭龙成这样的茶山老司机，也差点在大黑山把车开翻到山下。

大黑山古茶树并不多，过去砍掉了太多的古茶树，后来栽种的茶树比较多。东一棵、西一棵，不集中。茶树周围还有些散落的野生橄榄树，正是硕果累累时，一颗颗绿色带黄的果实挂在枝头上。我毫不犹豫地摘了一颗放进嘴里，味道很不错，微苦，但很快就是甘甜。茶山乐趣，就在这一点点的回甘中。

跑了很多茶山的郭龙成，坚持认为大黑山的野橄榄最好吃，回甘好，山上吃一颗，到山下还在回甘。这里好吃的还有猴子眼袋果，我也是第一次吃到这种名字很奇葩的果实，滋味酸甜爽口。后来我查阅了资料，原来其学名叫猴子瘿袋，是桑科波罗蜜属植物。我们还在茶树地里发现一种当地人称为"马鞭草"的草药，即"滇黄精"，主要功能是补气养阴，健脾，润肺，益肾，用于脾胃虚弱，体倦乏力，口干食少，肺虚燥咳，精血不足，内热消渴。

郭龙成成为茶农前，是位医生，与他逛茶山，总会收获很多博物学上的知识。

大黑山茶的特点是甘甜度更高，苦底不重，蜜香浓郁，润口。这些特点，加上稀少的产量，使得大黑山茶价格这几年来渐涨，大黑山也因此成为整个倚邦古茶山价格仅次于曼松的产区。

先前，大黑山的茶叶都是茶农自己喝，后来茶叶公司收购，茶农才开始卖茶。茶叶卖到倚邦老街那里的茶叶公司。现在，想喝大黑山古树茶就有点难度了，春茶季时茶叶还没有发芽就被预订一空。

龙成号在大黑山有个基地，茶树已经长了齐身高，还需要放养几年才能采摘。刚到基地，郭龙成和曹燕坤动手做饭，一块木板有着多种用途，正面当作饭桌，背面当作砧板，用几块石头支撑好就能开工了；旁边是烧火的地方，找了一些干草点燃几块干柴，火很旺，煮菜、炒菜、烧水……

茶山上的人，最懂得如何利用手边的资源，没有地方坐，就坐在石头上，工人们直接坐在旁边草皮上吃饭；筷子不够，就砍树枝；碗不够，砍一段无花果枝条过来，曹燕坤将碗让给我们，她自己用一片无花果叶子当碗，再将米饭、菜放在叶子上，她就那样吃饭。无花果叶子因为大，形状又像大象的蹄子，当地人称为"象蹄叶"，也叫"大象耳朵叶"。

如今流行的竹筒茶，也是过去人们为存放茶叶而因地制宜的创新。把晒干的茶一边在火上烤一边舂进竹筒中，不仅防潮防虫，还有一股竹子的清香。

江内六大茶山，汉文化痕迹十分明显，无论走到哪儿，都有石碑、石刻留下汉人曾经的印记。大黑山茶园里偶然还能见到散落的石墩，是过去的大户人家留下的。为什么会搬离这里？因为缺水。

著名的曹家大坟也在这里，远远看去，是一处草木茂盛的所在，周边是开满白花的飞机草，中间是高约20米左右的小叶榕，还有些其他常绿植物。

雍正十三年（1735），改土归流后的第六年，中央推行"流

茶地边生活烧水

上山收茶不仅要会炒茶，也要会炒菜

官管土官、土官管土人"的政策，曹家曹当斋任倚邦土千总，世袭管理倚邦一带茶政兼管钱粮事务。曹当斋祖籍四川，在茶山长大，娶当地头人女儿为妻。对中原文化既有认同感，又了解茶山真实情况，被朝廷任命为倚邦土千总。曹当斋去世后，曹氏家族世袭管理倚邦、革登、莽枝茶山。这一时期是古六大茶山大发展时期，倚邦周围茶园达2万亩，居民有1000余户。

曹家大坟是曹当斋儿媳妇的坟墓，她出嫁没几年，丈夫染病而死，一生未再嫁，当地人还为她立了贞节牌坊。

哪怕到现在，曹家大坟只剩下断瓦残垣，依然能感受到其规模之大。传闻中的数百只石麒麟只找到几只，这里散落着一只，那里散落着一只，并且稍微离远一点还看不到，都被杂草遮住

散落在山间的石碑

翻山越岭去茶园

了。与石麒麟一起散落在杂草里的，还有坟墓的基石，留给后来人无尽的遐想。

曹家大坟核心处，连墓碑都是倾斜着的。其中一块石碑上比较明显的字迹分别是"天承运""皇帝制曰爪牙（古义是'得力帮手'的意思，是褒义词）""土把总曹秀小心尽职""曹秀之妻陶氏"，另外一块石碑上刻着"大清嘉庆二十二年"。此外，还有很多石雕，图像比较清晰的一块雕刻着鱼和祥云。

当地多位老人说，当时建造曹家大坟，曹家是用大象从远方驮运石材进山的，毕竟古六大茶山并不产石头，这些大石只能从外面运输进来，在交通落后、大坟遗址偏僻、进山之路狭窄而崎岖的情况下，足见其实力雄厚。

当地还流传着一种说法："曹家大坟雕刻着世界上所有的动物。"说法虽夸张，但完全可以想见雕刻动物种类之繁多。曹家大坟是曹家地位与财富的象征，更是古六大茶山茶业发展鼎盛的一个侧证——唯有茶业发展鼎盛，曹家才有其地位和财富，也才为营造曹家大坟提供了必要的政治条件与物质条件。

大黑树林在倚邦的另一边，是曼拱茶区的重要组成部分。

循着曲折小路一路往上才能抵达大黑树林的古茶园。茶园不小，在一块陡坡上，与其他乔木类大树共生，乔木类大树比较多，看上去显得茶树比较稀疏。这对茶客来说其实是好事，如此一来，每棵树的根系都能够充分伸展，每个芽头获得的营养供给更为充足，这也是古树茶喝起来滋味往往比台地茶园的茶更丰富的主要原因。

茶树大小不一，所以高高低低，低矮些的茶树和人一样高，很方便观察；倚邦

茶农家院子里晾晒茶叶的场所

产区中小叶种的茶树比较多，当地人习惯称为"细叶子"，成熟茶树叶片也仅有半个手掌那么长，与勐海布朗山茶区的大叶种相比，显得十分娇小，而嫩芽就更加明显了，细嫩的芽头一点点冒出来，如针尖一般。

往茶园深处走，高杆茶树出现的频率也增加。这类茶树完全脱离了一般人对茶树的想象。挺拔，颀长，高度可达 4 米。这些被人亲手栽种下的茶树，在种树人离开之后，便逐渐回归了更为自然的生长方式。阳光，阳光，阳光！在密林中，只有拼命往上才能攫取到足够的阳光。于是茶树的侧枝慢慢凋落，只留下光溜溜的树干和顶部向上的树枝，茶树终于变成了令人陌生的模样。

人为干预少，分枝少，茶树的芽头也少，单片叶获得了比一般茶树更多的营养；密林里的浓荫又使其梗长叶厚，涩度降低，多重因素交织形成了稀有的山野气韵。薄荷塘的独特气质也同样来源于此。

茶园下方还保留了一条较为完整的茶马古道，尽是不规则的石板，有的光滑，有的长满青苔，有的因为路基下陷而倾斜。郭龙成说："这段茶马古道，一头通往思茅，另一头经倚邦老街通往易武。"昔日马帮里的赶马人，就是沿着这条路驮运茶叶等物资。矮小的云南马，驮起一个个家庭的梦想，更驮起云南普洱茶的辉煌发展史。

大黑树林的石板路

挂满枝头的野生橄榄

茶农正在挑拣黄片（老叶子）

　　天色黑下来，乌云密布，要下暴雨的样子，郭龙成叫我们赶紧走，前面有一户人家，可以躲雨。

　　这户人家是彭翠华家，她正在挑拣黄片。看到我们进家里，她放下手头的活，很热情地招呼我们喝茶。彭翠华家的院子很大，但没有弄平整，摆放着竹竿，方便晾晒茶叶；房子既有传统的木屋，也有新搭建的平房，都是一层的房子，院子外单独搭建了一间离地很高的房子，专门用来仓储茶叶。

　　彭翠华今年48岁，她说："大黑树林属于曼拱二队，只有四户人家，之前只有三户，最近有兄弟俩分家，新增了一户。"彭家姊妹五个加上父母，总共七个人，按人口来分茶地，所以分到了很多茶地。

　　郭龙成抓了一点大黑树林的细叶子冲泡茶叶，虽然黑云压城，但天气还是异常闷热，一杯茶之后，暑气消散，两腋生风。

弥补村：细腰子、龙过河两寨合一

弥补村是我们 2020 年在倚邦考察的重要一站，紧挨着有茶王树的麻栗树村，两个村通婚情况比较普遍，比如我们的向导麻栗树村的李云心娶的媳妇就是弥补村的。

李云心提前约好了弥补村的老人，带我们驱车从麻栗树村前往弥补村。他走的是小路，有一段是水泥路，有一段是土路，中间就是龙过河；采访结束后，临近中午，李云心又带我们前往龙过河古茶园。

从弥补到倚邦的路标

弥补老寨，原先在从麻栗树村到弥补村的路上，就在水泥路那一段，

茶园里的风光

后来当地政府为了方便群众生活，规划搬迁，选址到现在的弥补村这里。而原先的老寨，他们习惯称为"细腰子"。现在弥补村的门牌号，有的人家就是"细腰子××号"。

现在的弥补村是细腰子和龙过河两个村寨合并在一起的，过去两个村寨的人都很少，一个村寨只有几户人家。现在弥补村有24户人家，都以种茶为主，顺带种点玉米。

细腰子搬迁到现在的弥补村后，过去的茶树依然归属他们，对于往事，李云心还记得一些，他说："1958年左右，细腰子村是用大铁锅炒茶，炒好后卖给茶叶公司，3块钱一斤。1964年打工，一天的工钱是一块钱，但一天也吃不完一块钱，当时的米干是一毛五一碗，还是带有肉杂酱的，不带杂酱的米干是一毛钱一碗。当时的盐巴是砖头形状，一块砖盐有一斤多，只要一毛五一块。"

十年前，茶农李琪超收入主要靠养牛，卖一头牛能维持家庭开支，价格从几百元到一两千元，具体要看牛的大小。当时干毛茶是二三十元一公斤，并且当时只有古树茶，没有现在的小树茶。2006年种下的茶树，成为现在规模最大、产量最高的小树茶。

养牛是弥补村很重要的生活来源。曹有和现在还养了40多头牛，牛场在大黑山更远处，牛场下去就是江边（小黑江）。我开始以为一周去一次牛场即可，他说每天都要去一次，不然牛群会出来吃庄稼，每天都要去喂盐巴。但即使这样，还是会有损失，牛会被野狗、豹子袭击，还会被人偷去杀掉，制作成牛干巴带走，防不胜防。曹有和说："放养的牛，牛肉好吃。吃也吃些，卖也卖些。成年的牛，一头七八千到一万多，看牛的长势，一年卖一两头。"

种茶划算，还是养牛划算？

这难不倒曹有和："现在种茶也划算，养牛也划算。"

快到牛场的地方，摩托车上不去，走路需要四个小时，每天来回就是八个小时，很辛苦。如果不早起，而是中午或者下午去，会更辛苦，因为天气更热。

茶树上的昆虫

从茶园里采摘下的茶芽

茶树上的昆虫

曹有和说："村里出去外面打工的年轻人很少，一个村只有一两个，大家更愿意留在村里种茶。"现在弥补村的日子很好过，因为"退耕还林"，每家都能分到财政补贴。再加上弥补村的茶价不低，生活确实比以前好多了。

曹有和有五个孩子，老大是女儿，结婚了，在倚邦老街；老二也是女儿，在勐腊种植橡胶；老三是儿子，已分家，就在曹有和房子的下首，几步路就到；老四是女儿，即曹丽红，嫁给了麻栗树村的李云心；老五是儿子，结婚在家。

聊天时，冲的是龙过河的茶叶，虽然是新茶，但口感不错，青味不浓。

龙过河古茶园最吸引我们的，不是古茶树，而是一棵高大的荔枝树，在一大片树木中，可谓鹤立鸡群。

龙过河古茶园，整个山坡看上去绿意盎然，低矮的杂草是深绿，古茶树上星星点点的茶叶是浅绿，高大的乔木所呈现的绿色又比古茶树的绿浓郁一些。这些都是绿，却又绿得不同，看上去很有层次感，而且古茶树的长势非常好，没有萎靡之状，如此，我们又何必容不下一棵树、一片草呢？

弥补村的茶地，主要分布在大黑山、细腰子、龙过河和叶家寨，叶家寨现在没有人烟了，只剩下一些遗迹——石墩、石板。这些茶地都连在一起，一块连着另一块。

曼拱：茶农对一杯好茶的理解

曼拱茶农彭群章就茶园管理与制作工艺等方面谈了自己的看法，他说："要做好茶叶，至少在卖给客商的原料方面，不能缺少这四个条件：第一，茶叶要保证是生态的，不能施肥，不能打农药，不能修剪，要让茶树自然生长。第二，炒茶时，铁锅要干净，炒两三次就要洗，不然会有茶胶（果胶）粘锅，炒下一锅时茶叶容易煳，并且有异味，影响品质；炒茶时间要适中，20~30 分钟比较合适，叶片不能炒煳，也不能生，茶梗要熟，水汽要干透，这样香气才好；揉捻茶叶的时候，要冷却后才能揉

茶花

捻，不能太用力，不能把茶叶揉伤，茶叶还
热着的时候就揉捻，会导致茶汤浑浊，并且
会有茶末。第三，揉捻好的茶叶要保证在1~
2天内晒干，如果这个时间内晒不干，会有
馊味，且容易发霉，天气好的话，半天就能
晒干。第四，晒茶时要保证卫生，晒茶场地
的环境要好，要干净，没有污染，要注意避
免灰尘；晒茶的簸箕也要洗干净，不然会有
霉味。"

这些，都是彭群章在制茶岁月里总结出
来的，想必也经历过不少教训，不然不会这
样认真、清晰。曼拱的古茶园在大集体时
代，因为茶叶价格低，管理也差，所以损坏
得比较多，最后死掉的古茶树也多。那个时
候的古茶树待遇很差，被茶农砍下来做三
弦，或者给孩子做陀螺当作玩具。放牛的路
上，古茶树影响了行路，也会被砍掉。

现在也有古茶树死亡，彭群章分析原
因，认为多数是水泡茶树的根部以及病虫害
造成的。不过总体来说，茶树容易存活、管

茶农在茶园里劳作

理，火烧不死、刀砍不死，也不用怎么修剪，死亡的比例很低。种茶、管理茶园并不难，茶树的间距在1.5米~2米之间，行距2米多，保证光照、通风，这样也方便采摘，并且茶树是越采发得越多的。

20世纪六七十年代，倚邦干毛茶能卖到2元多一公斤；1985年左右，能卖到几块钱一公斤；1997—1998年，涨到12元一公斤；1999年，价格继续上涨；2004年，政府扶贫组织种茶，形成后来的小树茶，这时，茶叶价格涨到400元一公斤；到了2018年，价格涨到了2000元左右一公斤，并且倚邦产区特有的猫耳朵

晒茶

茶的价格涨到了4000元一公斤，和倚邦的古树单株的价格一样。

茶山上的原叶冲泡

20世纪80年代，当时的供销社收购茶叶，他们并不喝茶，也不试茶，只看、只闻，看茶叶外形好不好看，闻有没有异味。当时只有古茶树，但没有古树茶的概念，也没有小树茶，当地茶农口中说的、手上做的、拿去卖的，都是现在所说的古树茶。当时供销社收购茶叶是分等级的，一等一级是一芽一叶的，条索要好，加工手艺要好；一等二级是一芽二叶的；二等一级的老叶子多；二等二级次之；三等是最差的，加工环节不好的、黄片太多的茶叶，他们也收购，只是价格非常低，只有七八毛到一块多钱一公斤。

茶农把茶卖给供销社，供销社会给生产队计工分，社员按卖茶时得到的单子获得工分，最后生产队根据工分的多少、队里的物资多少，再将物资分配给社员。

曼拱有4个村小组，总共100多户，在倚邦村委会算是人口多的村寨，绝大部分居民都是彝族。曼拱的古茶树比较分散，成片的不多，每家的古茶树也不多。

茶农以前也种植玉米、稻谷、黄豆、芝麻，还养牛，2013年后就基本不种这些农作物了，但现在寨子里还有人家在种玉米，也养猪。现在，大家都以种茶为主，春茶季比较忙的时候，会请附近村寨，甚至是外面的人来帮忙采摘鲜叶，有苗族人、傣族人、哈尼族人，付费标准有两种：小树茶鲜叶是10元一公斤，大树茶（含古树茶）鲜叶是15~20元一公斤（2018年的行情）。

怎么区别古树茶与小树（生态茶)？民间的经验总结为，古树茶鲜叶更薄、更亮，也更细，看似有硬度，而生态茶的鲜叶更粗，叶片更厚；古树茶干毛茶更细、更黑亮，生态茶干毛茶颜色偏黄，叶片更粗一些。

滑坡茶园：倚邦最险峻的古茶园

　　如果把滑坡茶园看作是倚邦古茶山第二险峻的茶园，那没有人敢说其他茶园是第一。它以其陡峭、险峻让众多倚邦茶追寻者知难而退。想要到滑坡茶园深处拍个照片？这确实需要慎重考

陡峭的背茶路

虑。但它又是生态环境与茶叶品质的"优等生",在一杯滑坡茶园的茶汤面前,你很难拒绝它。多少人寻一杯好茶而不得,如果你有机会走到滑坡茶园面前,那最好还是鼓足勇气,滑到坡底——它是倚邦古茶山最险峻的古茶园,也是风景最美的古茶园。

滑坡茶园在哪里?

估计很多人前往倚邦古茶山,可能都是冲着曼松、大黑山等小微产区或倚邦老街而去的,往往会忽略距离老街最近的这片古茶园——滑坡茶园,它就在老街坡脚、进村的路边,它藏于路下,由于坡度极大,坐在车里确实不容易看见。

倚邦滑坡茶园得地理之近的优势,更方便工人前来管理、采摘;且一般情况下,也没有人敢明目张胆地前来偷采,毕竟村口的人家居高临下,能看到古茶园里的情况。

滑坡茶园人迹罕至的原因有二,一是容易擦身而过,二是因为在陡坡上,很多地方连站都站不稳,它紧挨着公路,要想从公路上下到古茶园,你得掂量掂量,需要先跨过不高也不算矮的公路护栏,且多处地方距离公路有两米多高——你想跳下去?小心会滚得很远、摔得很惨!

11月23日上午,郭龙成的皮卡车满载着刈草机械等物资前往这片古茶园,而工人们则骑着摩托车结队走在皮卡车的前面,我们也顺便过来,亲身感受茶园管理重要的一环:除草。

皮卡车停靠在路边,工人们将物资搬下来,然后调试刈草机,使刈草机达到最佳的工作状态。我和同事在旁边聊天等着他们,没想到等我们回过神来,发现他们早已走进路边的滑坡茶园,远处传来了刈草机工作时巨大的声音，打破了倚邦原本的静谧。

　　我们头疼的是：该如何走进滑坡茶园呢？我们找了半天，都没有找到一处方便下去的地方；跨过路边的金属护栏，发现无路可寻，没有所谓的台阶，甚至没有那种常见的土堆。我们来回找了几遍，最后确定从一处相对安全的地方下去，一边小心翼翼地走下去，一边议论工人是如何扛着不算轻便的刈草机走下去的。

茶园里人工除草

很多古茶树都长在斜坡上

　　我们走得很慢，尽量先用脚试探不存在的路，评估风险：分明没有路，可又能看到有人刚刚走过的痕迹，冬日里青翠的杂草被踩踏过，"世上本没有路，走的人多了，也便成了路"；可是，这路，我们完全不敢轻易走。虽然是上午10点左右，但冬日的露珠颗颗晶莹，均匀地覆盖在几乎所有的绿色叶子上，这更容易让人滑倒，再加上滑坡茶园天然的极大的坡度，我们行进甚为艰难。

　　我们每一步都无以复加地小心，因为心底都知道：如果摔倒，那代价会极大。摸索了半天，才走下去一二十米，初识云南古茶园的浙江同事只好选择放弃，我非常理解。可是，我不甘心，不愿意放弃，所以继续想办法走下去。

　　我依旧沿着工人踩过的杂草下坡，想到了一个笨办法：身体蹲下来，这样能降低重心，再用双手抓住两边的杂草、灌木、茶树树枝，这样一步步滑下去。虽然方法笨，速度也慢，但至少保证了安全。

山中古茶树

　　滑坡茶园三分之二的面积都处于陡坡上，想要像在平地上那样笔直地站好，是一个不太可能完成的动作；下面的三分之一的茶园坡度相对小一些，能够正常站稳。我后悔，逛这样的茶园，应该穿抓地能力强的钉子鞋才对。好在我的笨办法还算管用，安全而有效的办法就是好办法。

　　而滑坡茶园最美的景色，在此时此刻呈现，从下往上看，阳光穿过茶园、穿过古茶树，从空隙里射过来，丝丝缕缕，美得让人不愿意再挪步，加上清新的空气、密集的植物所散发出来的清香，让之前滑坡下来的艰辛一扫而光，在我面前的，是一个柔和而美好的古茶园世界。

沿途滑坡时，我还收获了一棵石斛，即革登、倚邦人所说的兰花，尽管后来得知那是价值最低的石斛品种，可我还是美滋滋的，或许，我找到的并不是用钱来衡量的药材，而是遇到了盛开的生命。对古茶树上那些常见的寄生植物，比如蕨类、苔藓、树花，我也会心生敬意。那棵根部上方已经枯朽大半部分的古茶树，依然向上、向着阳光努力地生长，这是生命在这块土地上生生不息的见证。我对此满怀感动：哪怕是一棵杂草，它也会努力走完自己的生命旅程，这不只是权利，也是责任。

生命，不管是长久如百年以上的古茶树，还是短暂如一岁一枯的草本植物，不轻言放弃，努力活着，便是壮举。它们活在倚邦的历史与当下，活在阳光里、雨露里，也活在这片湿润的黑土地上，松软而又让人心安。

心安，才可能悠闲地喝一杯倚邦古树茶；心安，才能从容地面对生活的各种挑

茶树上的寄生植物

茶园里的杂草

战，也才会想办法去为家打拼。

　　而在这险峻古茶园深处辛勤工作的工人，也是为家而活，既为家的美好，也为对家的责任；他们没有一个选择偷懒、混日子，他们不抱怨生活之苦，合理分工，男性除草，女性上午采摘嫩芽叶，下午采摘茶花、茶果。

　　这一天结束的时候，她们收获了4公斤鲜叶，是滑坡茶园今年最后的鲜叶。郭龙成说，这片茶园的古茶树、大茶树大约有1000棵，小茶树没有统计过。我只知道，从公路边开始，到茶园尽头，大多数乔木都是茶树，它们与少数的其他植物，与地面上的草本植物、灌木，以及看得见的、看不见的动物一起组成了滑坡茶园的世界，一个让人难以接近，同时又散发着诱惑气息的绿色世界。

可是，我好像高兴得太早了点。返回公路的时候，我才发现，从坡底到公路边更吃力，也更危险，没有下坡时方便，真正诠释了"爬"：身体向前倾斜，手脚并用。等到公路边时，已是一身大汗。坐在路边的水泥墩上休息，想起之前去倚邦大黑山古茶园，进山的泥坑路长达10公里，虽然难走，但终究平缓，走起来并不吃力，也没那么危险，跟滑坡茶园相比，感觉厚道多了。

滑坡茶园，作为倚邦最险峻的古茶园实至名归，也生动演绎了"滑坡"一词。

森林里随处可见的标语

老街子之变：
茅草房，木架房，夯墙房与水泥房

　　我在老街子准备发朋友圈时搜定位，没有找到老街子的名
称，显示的是"桥老甫"，便问向导自海彪，他说："老街子最初
就叫桥老甫，后来改为永进队，最后改为老街子。"后来我们去看
茶园，返回时快进村时，自海彪指着旁边说："这里就是原来村寨
的地址，现在还有一户人家不愿意搬迁。"路边上，有一块指
示牌——桥老甫。如果你在倚邦老街到曼拱一带询问"桥老
甫（fǔ）"，估计很多人一下子反应不过来，因为他们往往会读作
"桥老甫（pù）"。还是叫老街子比较合适，因为方便，方圆几十里
的人都知道这个名字。

　　自海彪说："以前老街子属二乡，多数人都是汉族，后来合并
到一乡，都归为彝族。村里现在有24户人家，共180人。"这个
数据说明老街子每家的人口比较多，已经明显超过周围村寨。

　　房子结构与材料的变化最能反映茶山的社会发展。较早的时

老街子村的新房子

候，家里是茅草房，它的好处是夏天比较凉快，坏处是不安全。
后来是木架房，材料以木材为主，一般都是就地取材，花费很多
人力从森林中砍回来。再后来是夯墙房，会在土里加一些稻草，
夯结实了，即使是雨水冲刷，土墙也不容易散。自海彪说的这种
夯墙，我小时候见过，在20世纪90年代的时候，滇中农村里还

比较常见，先用木板固定好框架，把泥土填充到框架里，然后用木棒类的工具反复夯实，一层一层加码，最后成为一道坚实的土墙。当然，滇中一带很少在夯墙里添加稻草，应与降雨量有关。夯墙房也需要很多木材。

再后来，就是水泥房，即现在我们看到的小洋楼，多是独栋，各家盖各家的。自海彪说："村里变化最大的是卫生方面，以前村里垃圾比较多，随处可见。现在经济来源主要是茶叶，需要更好的生态环境，所以生活垃圾会统一投放到固定的地方，村里干净了很多。"其实，家里也干净。

两位小朋友的茶山起舞

　　自海彪的岳父家的房子很大，虽然只有两层，但布局科学，层高较高，以至于我误以为是三层。因为村里的地势比较高，位于山头上，且我们站在二楼，所以视野比较好，眼前尽是苍翠，能看到很远的地方。群山在远处——颜色淡了些，也在近处——颜色深了些，层次感很强，就像自海彪给我们冲泡的古树头春茶一样，渐变而丰富。

　　房子很新，也比较清爽，很舒服，尤其是阳台，非常宽敞，在这里，哪怕是平常的喝茶，都平添了些许的喜悦。院子很大，靠里面的一半是水泥地，靠门口的一半是泥土地，院子边种着一棵石榴，花正红；大门口两边各栽种一棵三角梅，皆向中间生长，形成拱状，成为一个巨大的花环，鲜艳得很，但又不俗气。自海彪将三角梅叫作四季花，因为它的花期比较长。

　　自海彪说："老街子的风气比较好，村里赌博的人很少，多数是在春节期间，亲朋好友在一起玩一下，金额很小，就图个乐趣。"

　　在倚邦茶叶价格不低的行情下，老街子并没有单一地选择种茶、制茶，除了茶叶，他们还种坚果。我问自海彪："现在茶叶价格不低，种坚果划算吗？"自海彪说："家里种的坚果，大多数还没有投产，还是前期投入阶段，按现在的坚果市场价格来看，种坚果还是划算的。我总共种了300多棵。"另外，考虑到养猪、养鸡的实际需要，他还种了10多亩玉米，并补充说："养的猪和鸡都是为了家里吃，猪一般养三四头，过年杀一头，中秋节杀一头，采春茶时杀一两头，因为采春茶时进来收茶的客商比较多，采摘茶叶的工人也比较多。"

除了这些，自海彪家还种稻谷，他说："粮食够吃就好，自己种的（稻谷）更好吃一点，采春茶的时候，外面来的老板也比较喜欢吃我们这里产的大米，说吃起来更香。"只是，种稻谷的水田比较远，在从茶园回到路边时，他指着远处的山谷给我们看，说稻田就在那里。那真不是一般的远。

熟悉茶山的朋友都知道，如果一个家庭选择多元化经营，像自海彪一样，茶与坚果结合，再加上种玉米、稻谷，饲养家畜，以及照顾家人，那是非常辛苦的。自海彪也坦诚地说"还是忙的"，成家后，他大部分时间都会在家里，农活比较多，空闲时间比较少。他所说的空闲时间就是春节前的那段时间，是茶山多数茶农的空闲时间，可以放松两个多月；这段难得的时间，他会带着孩子到景洪玩，孩子喜欢动物，就带着去逛逛公园，而森林公园是必去的。

老街子村的茶园

　　前些年村里出去打工的人比较多，后来茶叶价格上涨，打工者基本都回来了，至少采春茶时都会回来采摘茶叶。前些年橡胶价格比较高、茶叶价格低，有些人就去外面当胶农，现在茶叶价格上涨，他们也选择回来做茶。没有回来的人很少，比如在外面做生意的，已经在外面成家、买了房子，无法放下，就继续在外面。采春茶时回来的人最多，因为春茶的价格实在让人无法拒绝。其实，相比临沧的勐库，倚邦的夏茶与秋茶的价格都要高出许多，做茶还是很划算的。

　　自海彪是"90后"，有一个妹妹，他说："过去，家里的条件不是很好，初中毕业的时候主动把读书的机会让给妹妹，但妹妹也在初中毕业时放弃了学业，因为那个时候刚好赶上茶叶价格上涨。"说到这里，他还是有点遗憾，觉得白白放弃了机会，他说："我上学的时候，学习成绩还是可以的。放弃上学后，学校的老师多次来家里，希望我父母继续供我上学。"他的妹妹后来嫁到弥补村，成为曹有和的小儿子的媳妇。

　　6月上旬，自海彪说："现在鲜叶已经采过了，估计要半个月后才会再采摘，但那个时候的茶叶就是雨水茶了，要掉三分之二的价格（相比春茶）。雨水茶的量不多，有些人家会直接放弃采摘，一方面可以养茶树，另一方面可以把精力放在管理水稻、玉米上。我们这里一般会选择采摘春茶和谷花茶（秋茶），会将雨水茶期作为茶树的休养期，尤其是古树茶。多数人家都是这样，少数人家还是会采摘雨水茶，但小树茶还是普遍会采摘雨水茶，因为越采越发。"

茶园的管理相对简单，自海彪说："一年除草两次，雨水茶的时候除一次草，秋茶结束后除一次草。"茶叶的制作则相对复杂，或者说，更有故事性。自海彪说："我是在18岁的时候学会自己炒茶的，更早些时，我16岁的时候到松树林的万亩茶场，学习炒茶、压饼、包饼茶。"

聊起茶叶的销售，自海彪说："我爷爷那一代，会背着茶叶到倚邦老街去卖，几毛钱一公斤干毛茶，一大袋茶叶也就两三块钱。"他所不知的是，过去，曼松想卖得这几块钱都不可能，因为路太远。他接着说："后来，大多数茶农都自己炒茶，做成干毛茶，客商进来收购干毛茶。现在，客商更喜欢直接收购鲜叶。"

茶喝了一杯又一杯，加上人多，茶味渐淡，自海彪说冲泡境外的红茶给我们喝，是客户送给他的，要我们试试看。试试也无妨。不过，最后大家都不太喜欢那个味道，都要求换倚邦茶喝。

老街子村喝茶

自海彪的母亲已经去世，只有父亲一个人在曼桂山生活，自海彪说："好在还年轻，只有五十多岁。"我问他在老街子的时间多些还是在曼桂山的时间多些，他说："一半一半，做春茶的时候就在老街子，春茶结束后会回去曼桂山住一段时间，因为父亲还在种茶、种砂仁。"

曼桂山人是正宗的彝族，不是因为行政划分归为彝族，而且他们全部都会讲彝族话。曼桂山最初的选址是在曼松附近，相对于现在的选址，原来的地方其实就是曼桂山的老寨，那里现在还有一些大茶树；后来因为传染病，没办法生存，才搬迁到现在的位置。

曼桂山村子比较大，有52户人家。曼桂山的主要经济收入来自茶叶和砂仁，在象明乡，曼桂山的砂仁数一数二，前几年砂仁的收入比茶叶还要高。曼桂山的土壤跟老街子、曼拱一带的土壤不同，土质更瘦（贫瘠），栽种的茶树不容易成活，但一旦栽种成活，其制成的茶叶味道比周围的更好。

在从革登去老街子的路上，郭龙成就说"曼桂山比较特殊"，自海彪说："曼桂山的古树茶相比周边村寨来说比较少，一家可能只有几棵。怎么说呢？曼桂山比较特殊。"这一点，跟曼松很接近。因为靠近曼松，土壤、气候等自然因素也跟曼松接近。曼桂山的茶价比曼松低一点，又比周围村寨的高一点，即使是小树茶也要比周围村寨的小树茶好喝些，这就是自海彪所说的"比较特殊"。

不过，因为古树茶量少，相比周围一带，曼桂山的茶叶收入比例要低一些。过去，在以粮为主的时期，曼桂山是这一带的种粮大户，被评为富裕村。曼桂山的人也能吃苦。随着茶叶价格整体走高，曼桂山的收入慢慢下降，不如周围的村寨。这一点，又跟革登产区的撬头山非常相似，只有吃苦，只有发挥主观能动性，才能在有限的自然资源条件下改变现实、改善生活。

5点多的时候，狂风暴雨来临，我们还在老街子，远处的曼桂山正在下雨，但沉沉云层慢慢移向我们这边。郭龙成看着远处的群山，说："孔明山那边还是艳阳高照。"他熟悉革登，熟悉倚邦，熟悉古茶山的每一个侧影。

过一会，移向我们的云层又透出阳光，真是瞬息万变。既然不下雨，那就赶路咯，从老街子村到倚邦老街的路上，曼桂山上方有一道彩虹，与群山的绿意搭配，又醒目，又协调。上苍眷顾努力的人，城市如此，古茶山更如此。不同的村寨有不尽相同的资源，唯有努力，才可能改变现状，过上好日子。茶叶资源少，需要努力；茶叶资源多，也需要努力。这是他们的选择，也是我们的选择。

河边寨

从倚邦通往曼拱的路上，有指示牌，河边寨与老街子在同一个方向，也是同一条路，从路边到老街子1公里，到河边寨5公里，即穿过老街子后，再走4公里，方可到河边寨。这段路途真正诠释了"路窄、坡陡、弯急"的特点，过去收购河边寨的茶叶比较少，因为车进不来，如果下雨，连摩托车都不敢骑。现在的水泥路是2019年才修好的。路确实窄，仅够一辆车勉强通过，我无法想象当地人是怎样会车的；坡也确实陡，并且路两边多是悬崖，再加上弯多，很多弯呈"Z"字形，所以即便是郭龙成这样熟悉山路的老司机，开车从老街子到河边寨的时候也要小心翼翼，确实不能马虎。

不妙的是，因为不熟悉岔路口，我们走错了一个路口，往高山寨的方向走了一段，后来发现不对，但又没有掉头的地方，只能原路倒车回来。进村后，还有一段路是土路，也不好走。

河边寨的人口并不算多，现有31户人家，原先更少，后来是

河边寨村茶芽

因为茶叶值钱了，以前去农场打工的人回来种茶。以前的茶地仍然归属他们，但有的人已经放弃了土地证，有的人的土地证还在。

河边寨之名，源于龙过河，弥补村那一段是龙过河的下游，河边寨处于龙过河上游，是同一条河。

整个倚邦产区，海拔最高的就是河边寨，村里的山神庙海拔1900多米。虽高，但河边寨并不缺水，附近有些村寨还来河边寨引水。

我们到河边寨的第一站，造访了王家。王家有一间房子专门作茶室，也摆放茶叶，有七八箱干毛茶。主人王建军说："刚做好一周左右，还没有挑拣黄片，有些是客商订了的茶。自己家的茶叶，会放一部分在景洪、勐海仓储，家里存放的茶叶比较少。"王家一年干毛茶产量有四五百公斤。2020年干旱严重，只做了200公斤。春茶季客商来的时候，很多茶树还没有发芽，只有一点点茶叶卖给他们。大量发芽的时候已经是五月底，客商已经不来了，所以2020年的损失比较大。

王建军父亲曾经以200元买了一块茶地，有20多亩，都是古茶树。当时村里没人出这个价格，因为太贵，而茶叶又不值钱。他父亲先支付了100元，另外100元是用粮食去粮管所换了钱支付的，但没有立字据。买过来后采摘了十多年，对方打官司，说那块茶地是他们家的，因为没有立字据，官司也就输了。村里另外一家，以同样的方式买的茶地，对方并没有反悔，更没有打官司。

河边寨春茶的价格最高，秋茶次之，雨水茶最差，中间的价格变化如同坐过山车，惊心动魄。有一家公司常年收购王家的茶叶，但很少收春茶，雨水茶、秋茶收得比较多。河边寨的茶叶比较细，工人采摘效率不高。

过去这里是用平底锅炒茶。王建军回忆，"我和妹妹一起弄，锅大（家里人多，做饭的锅自然就要大一些）人小，我和妹妹一人站一边，两个人合力才能把蒸饭的甑子抬起来，把锅洗干净后再炒茶。当时有两口锅，一口锅专门用来煮猪食，另外一口锅就用来做饭、炒茶。当时是随意炒，茶叶炒软、用手捏紧不散就表示茶叶炒熟了，至于是不是真正的熟，我们也不知道。"

王父曾经因为采摘鲜叶引来村里人的嘲笑，因为当时他们认为采摘鲜叶是女人干的活，不是男人该干的。

河边寨村茶树

采茶的手

　　河边寨的古茶树紧挨着村子，茶园规模很大，整片山坡上都是茶树。这片山坡上的古茶树，高度基本一致，但粗细不一。可能是因为雨季的到来，茶树发芽特别多，枝条上点缀着轻盈的绿，绿得动人。一场又一场的雨水，滋润了干旱许久的土地，古茶树也重新焕发出了盎然的生机。

革登：茶王坑

早上不到7点便醒来。昨夜电闪雷鸣，起来上洗手间，险些摔了一跤。古六大茶山的住宿环境，比起其他热门山头来说，确实差好多。大家认为主要原因是这里缺乏大茶企。如果纯粹从旅游的角度，绝对没有人愿意来这里投资建一家酒店。如果是茶企自建的话，有客户优先，自然就用不着去权衡值不值。比如勐宋的雨林庄园、景迈山的柏联酒店、勐海的大益庄园，现在连布朗山都有不错的民宿，反而成名最早的古六大茶山，在住宿方面拖了后腿。大家对这里的住宿评价往往只有二字：能睡。郭龙成盖房子的时候，压根就没有想到有一天会有那么多人来住宿，那些房间不过是留给自己与工人睡觉的地方。现在能腾挪出来给大家当客房，也实属不易。

"等我再挣点钱，就盖好一点的房，方便你们来玩，来写作。"郭龙成说。我开玩笑说，这里竖一块牌子，××写作基地，会不会引起茶祖的不满？

革登茶王坑遗址

室友文老师早已出门拍日出，我到茶室喝了几口茶，想起昨天王笑送我的同庆河的头春小树茶，便拿来冲泡，确实好喝。又冲了泡革登茶，青草味没有清理干净，加上没吃早点，胃里一阵难受，赶紧啃了一个苹果。大家陆续起来洗漱，吃完早餐，要去拜谒茶王坑。

从郭龙成在革登的茶叶初制所出来，便看到路边的指示牌写着：茶祖诸葛孔明公植茶遗址。路上这片茶园修剪得宜，已是芽头压枝。还没有修剪的茶园，草快没过茶树了。这些年，对于怎么修剪茶园，专家意见不一。我这样喜欢四处闲逛的人，喜欢看到茶树枝繁叶茂的样子，如果不修剪，大约就失去了景致，也不会有丰富的茶芽与鲜叶。有人之所以不修剪，是因为有种观念认为，这样的茶更好喝，更卖得起价钱。

郭龙成提醒我，这一路上路边的许多茶树，扒开茶树下的腐叶，很容易看到树根。我随便试验了下，扒了十多棵，都是这样。为什么会这样呢？因为这片茶园被火烧过，现在看到的茶树是后来发出来的。野火烧不尽，春风吹又生。

仔细看，有许多茶树主干也被砍过，现在看到的都是新发的枝条成长起来的。许多人到了古六大茶山，看不到像布朗山那样密集的高个子古茶树，便断言这里种茶时间稍晚。殊不知，古六大茶山的茶园，需要沉下来，跪着、趴着、躺着，才能看到它最接近真实的样子。

张继林回忆，农业学大寨期间，政府下令一年要开垦多少亩土地种植庄稼，是必须执行的。在革登老寨，不仅砍树，还要刨根。古茶树砍不死，树根来年会再发芽，就要把柴火堆积在古茶树的树根旁燃烧，以彻底解决种庄稼的后顾之忧。有些地方还把古茶树砍掉，弄成梯田种稻谷。

古茶树的竞争者不只有玉米、稻谷，还有橡胶。受橡胶行情好的影响，当地人盲目跟风，把一些好不容易长大的大茶树砍掉，转而种植橡胶。这导致当地人自己都没有茶喝，那些喝惯竹筒茶的人，只能满地找苦花叶、白花叶的干叶子泡水喝。

这是一个非常令人痛楚的笑话。

古茶树被砍了头，刨了根，烧了枝，挫了叶，灭了须……以为一切烟消云散，走到尽头，没有想到却是生命的另一番轮回。只要余温尚在，只要水分尚存，只要生命还有一丝可能，古茶树就会挣脱黑暗的地底，凤凰般涅槃，带着茶祖赐予的养分，向着光明而来。

武侯遗种处，以前叫茶王坑，茶王树死后，只留下一个大坑。现在新长的茶树已经碗口粗，2米高。1938年出生于撬头寨的张继林曾见过这棵茶王树，说："当时见到的时候，茶王树就有点老化了，是自然的衰老，看着就不精神了，不茂密。在吃'大

茶王坑附近的小茶树

锅饭'的时候，茶王树还在的，至于是哪一年死的，就不知道了。"

我带着罗伯特·佩恩的《人与树的故事》，里面说到伐桩术，就是把树木砍到基本与地面平齐，可以刺激和促进树木的重新萌芽。书里介绍说，桦树寿命一般在200年左右，而通过伐桩可以把桦树的寿命延长到400年。他在书中还提供了测试桦树年龄的方式，真是便捷。联想到我们的古茶树，会获得很多启示。

原来一棵树的生命，只要有足够深的根系，就可以不断重生。

那么，那些在茶王树坑边上种植茶树的人，是不是也怀着这样的心思？

那个盖下茅屋的人，是不是早就为诸葛先生备下了房？

这块土地，需要再次恢复秩序。

2017年，当地茶农自发组织了一场盛大的祭茶祖大典，以后每年举行，2018年的祭祀大典树了诸葛孔明像。

孔明山就在我眼前，山下云雾缭绕。

诸葛亮，字孔明。

在战场，他是运筹帷幄的战略家。

在这里，他是古六大茶山的茶祖。

上个月，我在勐海跑步，跑着跑着就看到了诸葛亮在街边的塑像，边上还有另一个茶祖——神农。这种变化是近几年才有的。以前，云南茶界只认诸葛亮，其他茶祖他们不认识。2017年8月我去普洱市文化博览园参观，里面也有一个茶祖庙，庙里有神农，有帕哎冷，有陆羽，就是不见诸葛亮。我发了一个朋友圈

基地边的指示牌

后，普洱市著名文化人黄雁说，诸葛亮此时在振兴大道上当交警呢。

在茶城普洱市城区里，诸葛亮的塑像被置于市中心振兴大道的显要位置，"孔明兴茶"一直是当地汉文化发展茶业的主题。当地人流传着一种说法，三国时期，茶山人要跟随孔明去成都，孔明叫他们头朝下睡，马向南拴，但当地人却头朝上睡，马向北拴，结果没有跟上孔明。孔明回望之时，看到当地人没有跟上来，就撒下三把茶籽，说："你们吃树叶！穿树叶！"就这样，当地人学会了靠栽茶生活。诸葛亮为什么要当地人吃茶呢？因为当

孔明公植茶遗址

年诸葛亮南征的部队遇到瘴气，中了毒，最后用茶叶治愈了疾病。

晚上吃着烤猪肉、洋芋，他们问我：听说诸葛亮没有来过古六大茶山？我说没有。他们又问：你怎么知道他没有来过？我说没有史料记载来过啊。"诸葛亮去的地方都有记载？""这就不一定。""那有没有可能他来了，却没有记载呢？"我们正在讨论很久远的事情，文字有无记载与实际是否发生的事，不只是我们几个有兴趣。孔明有没有到过革登？我真的考证不出来。我感兴趣的是，云南遍地都是茶王树，为什么偏偏是革登拔得头筹？

乾隆年间的檀萃在《滇海虞衡志》里说："茶山有茶王树，较五茶山独大，本武侯遗种，至今夷民祀之。"并没有具体说茶王树在哪里。道光年间郑绍谦等编撰的《普洱府志》说得更具体一些。"旧传武侯遍历六山，留铜锣于攸乐，置镈于莽芝，埋铁砖于蛮砖，遗木梆于倚邦，埋马镫于革登，置撒袋于曼撒，因以名其山。又莽芝有茶王树，较五山茶树独大，相传为武侯遗种，今夷民犹祀之。"在这里点出茶王树在莽芝（莽枝）。

　　后来阮福写《普洱茶记》的时候，引用了《思茅志稿》里面的说法，认为茶王树在革登，就是诸葛亮埋马镫的地方，"其治革登山有茶王树，较众茶树高大，土人当采茶时，先具醴礼祭于此；又云茶产六山，气味随土性而异，生于赤土或土中杂石者最佳，消食散寒解毒。"从这个时候开始，革登茶王树始见于记载。云南茶科所的第一任所长蒋铨1957年到古六大茶山调查，当地百姓都还记得革登茶王树的惊天产量："春茶一季可采茶一担"。

　　一担茶相当于现在的100斤，100斤干茶是什么概念？差不多400斤鲜叶才能制成100斤干茶。我看到的最大单株茶树能采摘40多斤鲜叶，无法想象一棵能采400斤鲜叶的茶树会是什么样子。

茶园里的茶花

安乐乡本来还有两棵较大的茶王树，加起来一年也可以产春茶一担，可惜被火烧死了。

　　1963年，倚邦末代土司曹仲书胞弟曹仲益来探访茶王坑，测量坑洞东西之距为270厘米，南北之距为325厘米，在坑洞边上

从革登远眺孔明山

还立有无字碑，是昔年祭祀时留下的。

　　现在的茶王坑前，有2005年雷继初、张顺高所撰写的碑文，赞颂茶祖诸葛孔明的功德。张顺高是继蒋铨之后的云南茶科所所长，下面摘录其参与撰写的《祭茶祖孔明公文》。

革登歌曰：

无粮深山兮，公率众南巡抚。

见哀牢、濮、茫村落兮，园有芳茗。

四季如春兮，周年萌生。

仙药瑞草兮，众夸验灵。

天赐嘉木兮，可变金银。

公令才兮，教民广植兮，亲演革登。

南中万山绿如翠，只缘阿公植香茗。

衣食万户兮，千百载。

阿公恩德兮，永不忘。

普洱茶，四海赞美兮，天下共享。

孔明山，永恒雕塑兮，日月同辉。

被火烧过的茶树的根

从根部开始观察古茶树

我几乎每年都去茶王坑拜谒，朝看云蒸霞蔚，夕看霞光漫天，清茶几许，那一刻会觉得郭龙成真的会选地方，这个地方风水好极了。

按道理，这么一个风水宝地，应该天天门庭若市才对。但老郭说："一周都见不着几个人，现在去班章、冰岛的人多，去易武的也多，但来革登的少，专门来看茶王坑的更少。"究其原因，是因为不顺路。只有极少数茶人知道这里有一个茶王坑，即便有人想来看，也看不到什么，毕竟树不在了。

"可是坑还在啊！"还是有像我们这样来灵地缅想之人。

郭龙成、刘婷的大女儿郭子玉把这张与古树茶的合影当作微信头像

我们今天所到的地方，就是武侯遗种地，只是那棵茶王树早就死了。

今天周边的民众还在祭祀，只是不那么隆重。郭龙成、丁俊等人，感念茶祖留下这宝贵的遗产，想要恢复传统的祭祀大典。2017 年，他们找村委会，找茶商，找茶农，张罗起了第一届公祭茶祖武侯遗种普洱茶 1792 周年文化节。而 2018 年，要落成孔明像，花费更大。在给我们做向导期间，活动主要发起人丁俊一路还在找资助，"还差点，还差点"，上山的几个朋友，都难逃被他"洗劫"，大家也都开心，这是一件善事，兹事体大。大家三千五千的，我蠢蠢欲动，"要不，我也出点？"他们摇摇头，说怎么能让你出呢。你来，给我们记录记录就好。临近祭祀大典，他们又提了新的要求，"能不能做一个致辞？"那天请了不少前辈，张顺高老师也在，我致辞会不会有些不适合？我很担忧，毕竟我是比较"年轻"的学者。他们倒是坦然：其他人不认得，就认得你。

我们站在那里，向逝去的古茶树行礼，也向逝去的生活致敬。作为一个研究茶文化的学者，断然不会相信诸葛亮来过这里，并留下那么多的遗迹。可是文化不就是通过想象而美好，因为美好而得以保留么？我们今天感念茶祖的功德，感念自然的馈赠，也感念茶山新一代茶农的文化自觉意识。

是的，这些茶农兄弟让我们感动。这是一片异乡人的乐园，江西人、四川人、东北人、石屏人、湖南人、广东人……他们来了散，散了归，可如今除了那些留在断桩残碑上的过去繁华的蛛丝马迹外，还有什么？

我们除了在茶园挂一块牌子，用心经营不同山头的茶园，还可以做什么？我痛心这一带的大庙先后毁于战火，也悲痛于茶王树先后死去。可是，自然的法则，谁也无能为力。现在，终于到了一个可以静下心来认真谈茶的时代了。

美丽的茶农在前面引路，踩着软绵绵的红地毯缓缓前行，在茶鲜叶终点落脚。我抬起头，下面有数千人，我必须大声说出意见。在这片流民的乐园，今天举办的是茶农自己的盛会，他们在寻找一个可以缅怀的祖先，他们的身份今天浓缩在"茶农"二字中，这一天，"茶祖"与他们同在。

今天，我们来到这里，祭拜茶祖，同时，也祭拜这片土地上的先民，是茶祖与他们一道为我们留下宝贵的茶树资源，留下可以追溯的民俗传统，也留下没有中断、隐藏在古六大茶山的信仰，以及承载着这份信仰的茶生活方式，与可以期许的未来。

先拜茶王坑，再祭孔明像，这才是合理且得体的方式。

革登：直蚌

从龙成号基地到直蚌很近，所以我们多次前往直蚌。冬季的茶山很清闲，村主任杨顺发的家人都在，四代人在一个屋檐下享受着冬日的阳光与悠闲。杨顺发是直蚌的老村主任，从1992年开始，一直坚守到2013年，干了二十多年，这在大山里殊为不易。

我们去的时候，他们正在谈论水源地的问题，并取得了一致的意见，即如果砍伐森林、环境恶化，吃水会出问题；要保护好现在的生态环境，要多种树。郭龙成给他们的建议是多种水冬瓜树、大青树，因为这两种树比较适合革登的气候，成活率高，并且涵养水分的效果是最好的。

在杨顺发的回忆中，1992年的时候直蚌还在老寨，不通路，吃水也成问题，到2007年才搬迁到现在的位置。现在，老寨已经没有建筑的痕迹了，仅剩下几棵大青树还能帮人们定位老寨的位置。

在西双版纳，几乎所有寺院、寨子周围都会有高大挺拔的大

茶园和森林融为一体

青树，人们习惯在建寨时种上一棵榕树，待到榕树长大，独木成林时，便被唤作"大青树"，成为守护村寨的神树。神树上面居住着神灵，路过大青树时不允许讲坏话。守护大青树，让其健康生长成为寨子里的共识。

杨顺发一家还聊起了炒茶能源的话题。他认为液化气、电力炒茶是趋势，传统的柴火炒茶未来几年还能存在，现在两者兼有，大家都慢慢接受了液化气、电力做能源。

如同城里人认为柴火鸡一定香过电磁炉做的鸡，同样有不少人认为用柴火炒出来的茶香气更好。但随着近几年木柴管控越来越严格，茶山环保管控力度加大，选择电力是无奈，也成为必然的趋势。

炒茶，更为专业的叫法是杀青，向来是茶山最热门的话题，如何炒，炒多久，用什么炒，杀青应该杀得重一些还是轻一些，谁家的茶炒出来更漂亮，这些复杂的细节成为每天茶桌上闲聊不可或缺的内容。

茶叶被采摘下来之后就会开始轻度氧化，而杀青正是通过高温将其中的酶杀死并停止氧化，于是才有了绿色的茶叶和清爽的滋味。原理听起来简单，但杀青的温度、轻重都将影响茶叶最终呈现出来的甜度、涩度和香气。

普洱茶从来不乏追求"古法"的人。所谓"古法"，也就是清末、民国年间古六大茶山地区普洱茶的制作方法，一般是将鲜叶采摘后进行分拣，再分开炒制，之后再用石磨压饼。关键在于不同级别茶叶的区分：一芽一叶，叫作"尖子"；二三叶，是谓"二梭"；余下的老叶，则称作"老帕卡"，这样做能保证不同等级的茶叶都能均匀杀青、炒制。

计划经济年代，茶山上人们制茶时都只有一个目标：将茶炒熟晒干，其他的哪管那么多。以前做茶，是用煮饭的锅炒茶，口径一米以上，洗干净后再炒茶。有时还会用炒茶工具，比如木叉竹片等。过去，直蚌的茶叶送到象明乡的茶叶收购站去卖，按外观等级收，两三元一公斤。但现在不同了，茶叶加工的好坏直接关系到价格，同样的古树茶，因为加工好坏的差异，每公斤茶价格差可达好几百元。因为干旱，2019年的直蚌没有夏茶，雨水茶

采茶人

有一点，秋茶1000元左右一公斤。茶叶好而加工不到位，价格就会明显低一截。

当下，茶农杀青，春茶用传统手工操作，夏茶和秋茶用杀青机器。这种安排与价格有直接关系。另一个原因是夏茶发得快，人工采摘和杀青速度赶不上茶芽生长速度。

古六大茶山的茶，被人诟病最多的就是叶底"红叶红梗"现象。通过缩短鲜叶从茶园到初制所的时间，快速进行杀青等手法，这一现象已经明显减少了。

"红叶红梗"现象到底好不好？有人认为这会影响茶叶品质，应该尽量避免；有人则持相反观点，认为"红叶红梗"是古六大茶山的茶的特征之一，一定程度的前发酵能够增加茶汤的醇厚程度。茶农对此不会表现出过多的偏好，只要有人买单，红梗可多可少。好茶的标准，得靠买茶人来定。

另一个由外界认定的好茶标准，准确说，由广东茶客认定的好茶标准是"烟味"。老茶中偶尔会碰见一些茶有着烟熏的滋味，这股特殊的香气是部分茶客的心头好，并为之痴迷。

茶中的烟味是时代的产物，过去用柴火杀青，如果不注重排烟会使茶吸入烟味。另外，遇到阴雨天无法进行日光干燥时，茶农也习惯把茶晾在厨房火塘上方，如此便成了烟熏茶。

在现行评审标准中，烟味属于茶里面的异杂味，改进后的初制茶已经完全可以避免烟味的产生。烟味之于普洱，如同泥煤味之于威士忌，无论旁人如何表示难以接受，爱的人偏偏就要这口浓强厚重，有人深恶痛绝，有人日思夜想，喜好背后就是这么没道理。烟味茶近几年再次受到市场追捧，不过这并不代表烟味是高端普洱茶的标准，这不过是众多标准之一。

　　早在20世纪90年代，就已经有外面的老板来直蚌收茶，那时直蚌还在老寨，不通路，吃水也成问题，春茶（干毛茶）卖到八九元到十元一公斤，后来就一点点涨起来了。2007年直蚌春茶是400元一公斤，当时进来收茶的老板多，到下半年，因为行情暴跌，最后导致老板干死（失败）的也多；那一年的雨水茶、谷花茶都是100多元一公斤。之后，再次一路上涨。2015年、2016年的春茶一公斤都在1500～1600元，2018—2019年的价格一样，古树春茶2000多元一公斤。

　　好几个朋友看到我在直蚌采访，都私下说直蚌的茶叶好，建

干毛茶

爬树是采茶人的基本技能

议我入手一点直蚌茶。直蚌是革登古茶山的代表。

直蚌的古茶树比较集中，成片成林，在革登颇为壮观。从直蚌村到茶园，大约两三公里。赶上盛夏的中午，森林里尽是生命的韵味，就连沉默的植物都散发着一种强烈的向上生长的气息。

郭龙成的弟弟郭龙海和胡文俊带着我们爬到路上方的古茶园。看古茶园，要看最古老或者最挺拔的那棵茶树才尽兴，才觉得不虚此行，就像很多人到老班章必定要看那棵茶王树一样。

直蚌的这棵，长在陡坡上，一不小心，人就会滑到最下面——没有谁能拦得住你。这棵茶树被胡文俊做成了单株，它对得起单株的定义，够高，12米左右，生命力旺盛，没有一丁点衰败之势。

单株，也就是单棵树上的茶鲜叶制成的茶，但这样的茶往往只是发烧友的选择，一棵单株往往只能做4公斤干茶，能做到10公斤的寥寥无几。

这种精细的审美来自岩茶中的凤凰单丛。几百年前，富有经验的凤凰山茶农便开始有意识地选拔优良单株茶树，通过无性繁殖的方式培育后进行销售，这样的茶便被称作凤凰单丛。在凤凰想找一棵产量2公斤以上的单株很难，在云南倒十足轻松。仅仅是直蚌这片茶园，就有许多可做单株的古茶树。

仅有茶树是不够的，品饮方式的变革真正释放出了普洱茶的个性。

茶山的茶农习惯用大壶在火塘上煮茶，一煮就是一天，这样的饮茶方式重在提取茶叶中的咖啡因物质，不注重其滋味的细致区别。普洱茶和工夫泡相遇之后，通过茶水分离使茶中的滋味物质从一次性全数析出转变为多次少量均匀析出，苦涩味降低，与甜、甘味组成了更协调的口感。而与盖碗一起使用的品茗杯，讲究小、浅、薄、白，杯壁留香，能够使品茗者更大程度地感受香气上的微妙区别。如此一来，每座山之间的差异，每棵树之间的差异，便有了对比的可能。

茶因为与水相遇而被赋予了生命力，而茶再度与水的分离则赋予了茶真正的个性。

直蚌最初叫马拐塘，因为附近有一个池塘，"马拐"就是模拟池塘里青蛙叫的声音。

至于直蚌的名字是怎么来的，估计老人也不知道，或许是因为进入直蚌古茶园的路很直吧，杨超开玩笑说。而直蚌的"蚌"，即是与水关系比较亲近的动物。现在，直蚌老寨已经没有建筑的痕迹了，所有的过往都消逝在草木的旺盛里，只剩下些许的土地，种着芭蕉、蔬菜，成为直蚌人的菜园。目前村子里有16户人家，总共60多人。杨顺发家是村子里的大户，有四个儿子，都在

茶园里的小朋友

革登做茶。

　　过去直蚌的茶叶是送到象明乡去卖，那里有茶叶收购站，两三块一公斤。20世纪90年代，外面的老板进来收茶，春茶（干毛茶）八九元到十元一公斤。当时的茶叶并不是村民的主要收入来源，并且来直蚌收茶的人也很少，茶叶能给他们带来一点收入，主要收入还是靠种植业，直蚌人种植花生、豆子，以粮食为主，茶叶只是副业。现在，还有人种植花生、豆子、玉米，但不多，只是适当种一点，留着自己吃，不出售，而稻米是完全没有人种了。

直蚌土地多，荒地也多，只要愿意、肯付出，可以随意种粮食、种茶树，是不会饿肚子的。杨顺发家两层的新式楼房，500 多平方米，很宽敞，院子也很大。楼房旁边有一块专门做茶的场地，占地 100 多平方米，分为上下两层，一楼制茶、炒茶，有机器（揉捻机等）、萎凋槽，也有灶台。

晚饭的时候大家喝酒，杨顺发说："你们随意，我只喝一两。"一两喝完，就没有再喝，我私下问他为何不多喝一点，他说："一两刚好一杯，喝了刚刚好，喝多、喝醉了都不好，喝酒就是图个开心。"

茶农家的初制所

撬头山：古茶园的反思

　　撬头山是一个自然村（村小组），现在有46户人家、226人，属于革登茶区。这里的茶农认为自己是濮蛮人，后来成为汉族，但现在的身份证则显示为彝族。在云南民族地区，民族划分是一件很有意思的事情，往往一个阶段是一个民族。

　　张继林出生于1938年，2019年已经81岁，当过三乡的支书，经历过古六大茶山的重要历史事件。他们的祖上是从易武勐伴瑶区搬迁过来的，而以前的勐伴，在1949年后改名为红卫，显示了时代的烙印。

　　搬到革登撬头山后，村寨的名字叫撬头山。最繁荣的时候，有80多户人家。

　　撬头山村第一次搬迁，是因为原来的村址靠近山顶，地势较高，生活饮水极为不便。后来，搬迁到了现在寨子的小河对面，叫大白树。但弊端依然很大，一种说法是过去医学不发达，生病的人较多；另外一种说法是自然灾害较多，导致地基下沉，更多

茶园里的古茶树

整齐的玉米

的人比较认可第二种说法。于是，有了1952年的第二次搬迁，搬到现在的位置。

撬头山尽管有古茶园，但在过去却是以种粮为主。其他茶区的人会拿着自己的好茶来换粮食，倚邦人就曾带着竹筒老帕卡茶（老黄片）来撬头山换粮食。当时两地只有茶马古道相通，很多路段是泥泞路，而人们穿的又是草鞋，更容易滑倒，过来撬头山换粮食的倚邦人就说"路呢路发，茶呢茶发"。"路呢路发"的"发"是当地人的口音，意指路滑；"茶呢茶发"的"发"是指茶树发枝、发芽比较好，意思是茶叶丰收。但当时茶叶不值钱。撬头山附近还有个傣族村寨，拿着制作好的鱼干来撬头山换粮食。

20世纪80年代末，撬头山村有两位种粮大户，一位是陈保柱，一位是张阿民，他在过去是村医。那个时候周围的人生病，都不去象明乡看病，而是找他治疗。他们两人各自卖给政府的公粮高达万斤，这是除了必须上缴的公粮、自己家吃的口粮外的数目，这是一个惊人的数字。政府表彰他们，当地粮食局安排他们到昆明旅游，风光一时。

过去，撬头山是以种植黄豆、花生、稻谷为主，现在是以稻谷、玉米为主。现在的撬头山水资源丰富，特别适合种植稻谷。不过，茶叶价格起来后，这些都成了副业。那些放荒了多年的茶园，又重新被重视起来。

对撬头山人来说，古茶园是个沉重的话题。

"农业学大寨，工业学大庆"的时候，撬头山响应号召，砍了很多古茶树，连树根都挖掉当柴火用。为了方便种庄稼、方便犁地，当时的人们砍掉古茶树，担心古茶树不死，怕树根再发芽，还会特意把柴火堆积在古茶树树根旁，点燃烧掉，以彻底解决种庄稼的后顾之忧。

被他们砍掉的古茶树所产的茶叶，一度是他们祖辈卖到老挝、泰国换银子之物，张继林还记得，"用黄牛运输茶叶，一头牛驮12筒茶，左边6筒，右边6筒。倚邦那边是用马匹、骡子运输。过去，撬头山也是很辉煌的。"

好在几十年前种的茶树已经长大，在这一轮经济发展周期里，撬头山才没有落后。

在张继林的记忆中，撬头山重新种植茶树是几十年前的事；那些当年种下的茶树，现在已成为这一带的大茶树了。这里的人还保留着喝老叶子的习惯，喜欢用大壶冲泡。春茶季时，从鲜叶

刚刚蒸馏出的苞谷酒

正在萎凋的白茶

村民采集的野生石斛

环节开始，就专门把老叶子挑拣出来，带回家洗干净，放在锅里煮，要先洒上一点水，因为老叶子不容易熟，还要焖一下、多煮一下，才能出那个味道。他们将这种饮茶方式称为"烂乎茶"。

为我们讲述撬头山生活的茶农李德云，还学着做了一些白茶。下午4点多的时候，他请我们品尝。云层缝隙里钻出来的阳光洒在院子里，阳光下的茶汤透着清澈、晶莹与纯粹，清冽得像山涧里的清泉，带着茶叶本有的明黄色。这白茶的香气有点像花草香，甜而不腻，恰到好处，饮起来特别舒服。

李德云家投产的茶园有四五十亩，没有投产的茶园有五十亩，古茶树只有11棵，在村里算比较少的。撬头山村分茶园时是1982年，当时李德云正好10岁；茶园分配的模式比较公平，总共分了三份：按劳动力分一份，按人口数量分一份，按家庭分一份。

撬头山的茶叶价格不高，2019年的春茶（干毛茶）几百元一公斤，夏茶才100多元一公斤。

过去，撬头山的茶叶采摘稍微老一点，一芽三叶比较多，现在这种情况比较少，主要还是以一芽二叶为主。过去撬头山炒茶不怎么规范，茶是能炒熟，但揉捻的时候是前后反复揉捻，没有

洗净晾干了腌酸菜

茶山的童年

村庄

柴火灶

晒茶用的簸箕

规则，所以条索比较差，不好看，没有卖相。现在炒茶，时间长
短不固定，看茶叶品质来定，水分、萎凋和量都会左右炒茶的时
间；揉捻时，品质好的茶叶要手工向一个方向揉捻，这样条索漂
亮一些，对量大而品质一般的茶叶，比如小树茶，就用机器
揉捻。

　　从古茶园重镇，到粮食重镇，再回到茶叶重镇，撬头山为我
们提供了很多思考的空间。他们的忧虑是历史深处的忧虑，不管
以后茶叶价格好不好，生态环境一定要搞好。即便以后再种庄
稼，再养牛养猪，也一样要依赖良好的生态环境啊。

从新酒房到革登老寨：万善同缘

　　从革登经过新酒房好多次，却从没想过革登老寨就在新酒房附近，也曾好奇：满地都有老寨、老街、大寨、旧寨，而历史上鼎鼎大名的革登为何不见老寨，甚至身边都没有人提及老寨？我与革登老寨最早的相逢，也只是在史料里，它陌生得如同不曾存在过。

　　谈及革登，绝大多数人都会说三个地方，即直蚌、新发寨、新酒房，谁会去说革登老寨呢？他们都没有见过，可能他们都没有听说过，仿佛革登老寨是凭空来的，像凭空消逝了——今天的革登人讲述起革登老寨来，或语焉不详，或模糊不清，或简短得不足以还原昔日的轮廓。

薄雾笼罩的村庄

往事与当下总是交织在一起的，并没有一条清晰的界限。革登老寨与新酒房，一个很老，一个很新，在这样的交织中，有着千丝万缕的联系，我们无法将其割裂。所以，我们还是先从新酒房说起。

新酒房很新，也很小，总共只有30户左右的人家，就集中在新发公路两边，距离龙成号基地也很近，所以我们几次到革登，

茶山日落

都跑到新酒房吃饭——一个电话，说那边饭要做好了，我们才从基地出发也来得及。

新酒房茶农鲁顺友告诉我们，新酒房以前叫斑竹林，因为过往的人看到这里的斑竹比较多，就以此为名。尽管现在村寨名字带酒，但这里却没有人酿酒。过去，新酒房种植的农产品有旱稻、玉米、黄豆等，还种过水稻，主要是自己吃；产量多的话就卖掉一些，这就是当时的经济收入来源，也会去山上找药材（黄草，即石斛），找野生竹笋回来出售，这也是一项收入。野生竹笋拿回来切成片，晒干，称为"干巴笋"；有的切成丝，称为"笋丝"，外面的人会进来收购，有商店会安排人来收。现在，新酒房的经济收入来源还是以茶叶为主。

新酒房茶农的茶园，是村里安排抽签所得。以前茶叶不值钱，随意分，这块地50亩，那块地100亩，至于地里的茶树有多少棵，他们完全不在意，他们当时在意的是土地好不好、肥不肥，是否方便种植庄稼，以期有一个好的收成。

以前，新酒房山里的生态茶，东有一棵、西有一棵，后来在稀疏的林地里补种了一些茶苗。如果把森林里的其他大树砍掉，那就不是生态茶了。新酒房最高的一棵茶树有十七八米高，枝杈很少，但直径只有45厘米；森林里的茶树，也不太可能长得粗。这棵茶树在采摘的时候，要搭架子才行，费工费时。

我们聊起革登老寨时，鲁顺友说，过去种地的时候能挖到旧时的铜钱，能挖出很多；他自己还特意保留了一个烟锅头，是过去老人抽烟用的，让我们好奇的是这个烟锅头是用石头雕刻出来的，算不上特别精致，但有形有韵，非常实用。

追寻革登老寨，总想着可以再找到点什么。我们一行人说走就走。好在从新酒房到大庙遗址处只有两三公里，并且路况还算不错，全是石子路，不会滑。

车停下来，周围很普通，一座古茶山应有的样子。鲁顺友说到了，革登老寨的大庙遗址就在旁边，就在我们的右手边。如果不是他提示，我们可能会忽略掉，因为实在看不出来周围有何特别之处。

上去，又是一番景象。虽然时值深冬，对革登古茶山来说，绝大多数地方都仍是绿色，即使天气阴沉，但眼睛所看到的天地万物一片苍翠，丝毫没有萧瑟之感、深沉之气；但大庙遗址这片树林却让人恍然置身北国的秋天，有从高处低垂下来的枯藤，有树林下方铺满的落叶，褐色、黄色与绿色交织在一起，的确有秋冬的气息，却绝无悲凉、孤寂之感，相反，能感受到生命的交替与轮回，能感受到生命昂然向上的努力。

鲁顺友在前面用砍刀帮我们开路，从路边往里面走，100米左右即到。虽然之前对能看到大庙遗址并没有太多的期待，但当自己真正站在大庙遗址处时，当石板墙的残痕、散落的石墩与砖块出现时，我依然难掩内心的波澜，因为太过真实，真实到不敢相信。曾无数次用过"残垣断壁"这个词，当真的面对时，才知找不到其他词语来描述它。

大庙遗址，颇像古战场，石板墙的残痕东一处、西一处，历经百年，仍然整齐、规整。更多的是砌墙用的砖头，有大、中、

老乡带我们在森林里寻找大庙遗址

万善同缘碑

散落在地上的青砖

小三种，最大的那种砖头确实如鲁顺友说的"像土墼一样大"，够大，也够重，我试着抱起一块，很吃力；中型砖可以单手拿起来，也很有分量，小型砖拿起来要轻松一些。瓦片因为易碎，没找到一块完整的，多是破损的，且比较少。

大庙遗址最醒目的是石碑，或许因为太厚重，没人能搬运得走；或许因为石碑上有文字的记录，让人多了些许敬畏，石碑保留得非常完整，背靠着一棵大树，方便人们参观、寻觅历史的踪影。

确实需要寻觅，且非常努力地寻觅，才可能获知零碎的片段信息，因为太过久远，历经风雨的冲刷，石碑上的小字多数已模糊，有些甚至不可能识别出来。好在，石碑正上方的"万善同缘"四个大字清清楚楚，方正刚劲，只是，"缘"字颇有争议，似"缘"非缘，似"绿"非绿，"缘"字右部的上部分是"绿"字的写法，下部分又是"缘"字的写法，乍一看以为是"绿"，但结合中国功德碑的风格来看，应为"缘"，如此，才符合语境，且更符合传统的表述方式与刻碑的精神诉求。

"万善同缘"四字下方，是介于大字与小字之间的中等大小字体，从右至左能识别出"江省""湖省""云南省"等关键词。其余皆为小字，依稀能判断出石碑记录了革登古茶山的大事件以及诸多人的姓名，可惜很多字已经模糊不清。虽然，我们都知道自己不是考古学家，不可能将其一一识别，但还是努力看、努力分辨。这或许是因为大家对革登古茶山的期望，其文明与发展史是有文字记载的，是有实物证明的，而不仅仅停留于诸葛亮的传说之中；也或许是革登茶人太期待有更多的人来关注革登了，难怪在石碑那里，同行的张海港兴奋地喊："我们找到革登老寨的碑了，我们以后要发财了！"我想，我理解他们的心情，他们与郭龙成一样，都是革登古茶山的守护人；在他们的守护下，革登古茶山虽遭遇历史的曲折，但终究一年一年在好转、在恢复，终将恢复成外界对革登古茶山想象中的模样。

从大庙遗址处下来，回到停车处，有一个Y形路口，右边通往倚邦，往左边，沿着路直走就通往革登老寨的旧址；往左走一小段路再急转下去，是通往莽枝的老路，即昔日的茶马古道。而通往革登老寨旧址的路，有很大一段是过去茶马古道的石板路；后来因修路，石板路全部毁掉了——这一段毁掉的石板路，正是革登过去的茶马古道。而通往莽枝的老路，多少还保留着一段茶马古道原来的石板路。听闻当地要重新修整石板路，还原茶马古道。

新发老寨：鹤立鸡群的古茶树

　　新发寨最大的那棵茶树，是陈林家的。

　　这棵古茶树一次可以采摘七八公斤鲜叶，采摘时要几个工人爬上去。这棵古茶树较高，根部就分为两棵，一粗一细，较粗的那棵不断地分枝，最终看上去就像一棵茶树；它长势极好，颇像人的中年时期，年富力强，非常适合做成单株，也很有卖点。

　　这棵古茶树就生长在山坡上，不远处，还有一棵茶树，也是陈林家的，几十年前被他母亲从根部砍掉，在土地上种粮食。现在，又长成了七八米高的茶树，并且还搭着架子，横着三根竹子，以方便采摘鲜叶。

　　我们所在的这片山坡的对面，就是森林，与我们这边是两种不同的颜色与风景。

　　陈林的父亲陈有全出生于1936年，经历过革登古茶山的风风雨雨，见证过茶事的兴衰，说话很平和，或许是因为过去的经历，似乎又有一丝小心谨慎。

丰收的玉米

新发老寨人不多，只有八九户人家，总共只有七八十亩古茶树（不包括小树茶、大树茶等），并且是分开的、不连片。陈家的茶园分成三块，其中两块是过去生产队分的，另一块是自己开荒得来的，当时的政策是谁开荒谁享有，哪怕是森林中原有的茶树。他家的林权证上写着这里几亩、那里几亩，不像现在仪器测量的那么精准，所以实际上他自己也不知道自己家茶园面积的确切数字。

过去，一头大水牛才几十块钱，茶叶价格非常低。1953—1954年，当地成立收购站，会来收购茶叶。那个时候的尖子茶（干毛茶）3元一公斤，不好的茶叶1.5元一公斤。评级时，一等茶就是尖子茶，即芽头；二等茶是一芽二叶，2.5元一公斤；三等茶是0.5元一公斤。过去，新发寨在鲜叶环节即进行分拣，炒茶时，尖子茶与其他级别的茶分开炒，不能混在一起。

陈家的茶叶，鲜叶也卖，干毛茶也卖，客户愿意买什么就卖什么。茶树分为古树和小树，没有像其他一些地方那样分得那么细。小树茶的鲜叶茶梗偏长，古树茶干毛茶的茶梗是圆形的，小树茶的茶梗是扁的。茶价这几年慢慢涨上来了，只是新发寨的价格相比直蚌的要低一些。

直蚌是革登茶区的标杆，就像龙帕之于攸乐山，薄荷塘之于易武。

陈林有兄妹七人，他排行老七。大学毕业后在外十年，最终回来革登古茶山做茶，同时也方便照顾老人。

陈家除了茶叶，还种了七八亩玉米，2019 年总共收了 13 袋，都是杂交品种，并且栽种的密度比较大；他说有空地就种一点，主要是为了喂鸡。鸡每天到六七点就会围绕着他，像闹钟一样准时，人走都走不了。这么多玉米，能够支撑半年。陈林也会栽种一些青菜、豆类，当然，是为了自己吃，因为在革登，买菜实在是一件艰难的事情。

茶山的岁月，平常得如茶树的生长，缓缓而过，想在短时间内见证巨大的变化是不可能的；如果长时间观察，比如比较两代人，应该能感受到其中的不同。这不同，这变化，犹如茶树扎根这片土地所带来的茶叶的滋味，值得回味。

新发老寨最初叫阿卡寨，是哈尼族的村寨，后来在与攸乐人的争斗中失败，迁走了。后来的新发老寨人是江西人，因为过去内陆战事连连、官府抓壮丁，先人为避战祸，逃难于此。

落日与云海，每一场都是绝版之美

  景观台，必是观景最佳之地，革登的景观台也不例外。

  革登古茶山的落日，颇为壮美，因为正对着孔明山，我们所看到的角度最为壮观。从革登基地看孔明山，不同的时间段有不同的风景，冬日里的上午能看到云海的苍茫，中午以及下午能看到孔明山的雄姿与沉郁，而落日，又是一番完全不同的气象，美

孔明山云海

茶山日出

茶山日落

孔明山上仅有的一棵树

革登基地前的风景

得惊心动魄，美得让人感慨万千。但只需片刻，落日就藏在了山的背后，只剩下余晖；再过须臾，天空、云彩与群山便慢慢融成一色，消逝在冬季的夜色里。

那一次在革登欣赏落日，我曾以为这样的落日之美可以常常观赏得到，我以为之后还能有很多机会——这应该是古茶山的日常，是普通的免费的景观，并不觉得要如何去珍惜。没想到之后，再也没有这样的机会，或忙于采访、疲惫不堪，或归来时已是深夜，或天公不作美，12月下旬再到革登的时候，虽然我们住了一周多的时间，但皆为阴雨天，去哪里看落日啊！

后来，我们从革登基地去撬头山的途中，已经过了新酒房，在一处较为平坦的路段，郭龙成将车停到路边，说："这里是看云海最好的位置。"果然，视野极佳，冬日里小黑江升腾的雾气如大江大河；天河般的云海，沿着小黑江流域的方向缓缓移动，最后跌入深处，如瀑布。当我发了照片在朋友圈后，很多朋友都赞叹其壮观。郭龙成因为长年驻扎古茶山，对云海特别熟悉，说："这几天云海的位置是到那里，再过几天，就会上涨几米，刚好到公路边上，特别漂亮。对面空旷处，你们看到的都是白茫茫的云海，那几座突兀的看似仙境的小山，就是被云海凸显出来的，再过几天，那几座小山也会被云海淹没。"

后来，我们再也没有看到那样壮观的云海。

莽　枝

午饭在牛滚塘的农家乐吃。丁俊一路上都在与行人打招呼。不是亲戚就是朋友，这地方不算小，一个村与另一个村之间有很远的距离，但常住人口很少。在一个交叉路口，丁俊带我们去辨

茶山里草木葳蕤

茶山里的指路碑

识指路碑。他坚信，这片土地是被人有意抛弃了，他家所在地，是五省大庙的遗址。

当年的功德碑大部分文字已经斑驳不可辨，茶室里挂着孔明像，这个小学都未毕业的人，2018年祭茶祖时写了全部祭文，我们读完后表扬他写得好，这些字，是用热情与热血写就，与某些文人的无病呻吟有着天壤之别。丁俊相信未来有一天，这里会再现昔日古六大茶山的风采。

茶山里的古树

生命力顽强的古茶树

先有牛滚塘，后有古六大茶山。牛滚塘昔年是改土归流的核心区域，围绕这里的古遗迹尚有许多。但街道上大部分地被政府盖了安置房，主要为新移民来的苗族提供方便。

生活在云南我们很庆幸，先人曾经考察过的古茶树，现在还在。这也是这次考察的一个重点，古茶树是如何保存下来的？这里的主要历史遗迹几乎消失殆尽，我们去的大庙，去的大墓，能找到的只是残砖断瓦，可是这些古茶树，却异常顽强地活了下来，让人有些不可思议。

在古六大茶山，每一片茶园都会有一棵茶王树，宛如过去每一个部落都有一位头人一样。现在最大的树，除了受到村民与茶客的膜拜外，还引领这一片区的茶叶价格。茶王树卖得好，这一片茶园都会跟着沾光。

这三年来，最火的概念莫过于"古树单株"。我们最近去逛过的"领地王"，都被人高价买走。单株是一种口感的巅峰体验，茶王树的单株更是。老班章的"茶王"2017年卖到了32万元一斤，成为茶界年度事件。景迈茶山上古茶树大的很少，但茶农还是从每片茶园里选出最大的那棵命名为"茶魂"，挂上牌后，卖价也水涨船高。

江西湾有一棵横着长的茶树引来大家关注，这棵树不知为何从竖着生长变成横着生长，一口气长了10多米，它的分枝则是竖着向阳生长。

这片茶园整体在坡地上，我们很容易找到大部分茶树被砍伐的痕迹，扒开根系看，会发现其更加古老。而茶园周边，是更加高大与茂盛的树林。

丁俊说，有些茶树是落籽生的，有些是栽种的。这些年，栽种的要多些。

所以，茶文化寻根之旅，就有了多层意思。一是寻茶树之根，寻找那种来自地底生生不息的力量。二是寻找茶文化之根。云南茶文化之根在古六大茶山，云南茶以及茶文化的第一次兴起，就是从这片土地开始。三是寻找茶灵魂之根。茶祖从未远去，只要轻声召唤，他就会来到身边。

江西湾传说是江西人最早居住与种植茶树的地方，在老普洱府所在地宁洱，现在还有江西会馆，在滇东北会泽也有江西会馆。从今天的江西人所留存的遗产来看，他们主要是追着资源跑。他们在红河一带（明代的临安府）挖矿，发达后的张姓江西人在建水团山修建了美轮美奂的张家花园，现在依旧是去建水必去的景观之一。

江西人大部分是明代洪武年间来到云南，历史上的两江区域（江西、江苏与安徽）的人，在明代来云南的非常多，现在许多云南的汉族都自称是南京人。江西人先是到了红河一带，之后南迁到今天的古六大茶山一带。明清以来，这条民族迁徙路线非常清晰，现在还有人源源不断地到此。清代有人早看出这一点，"凡歇店饭铺，估客厂民，以及夷寨中之客商铺户，以江西、湖南两省之人居多，他们积攒成家，娶妻置产"，"虽穷村僻壤，无不有此两省人混迹其间"，乃至"反客为主，竟成乐国"。江西是中国著名茶乡，江西人凭着在茶叶知识以及技能方面的优势，在古六大

树上的苔藓

森林里的蜘蛛网

茶山立足。

江西人胡先骕（1894—1968），是云南植物研究的先驱，在植物学上较早认可了普洱茶种，张宏达与闵天禄在其基础上重新分类了云南茶。

枚乘说："原本山川，极命草木。"我要去了解山之本源，要把植物穷尽。胡先骕先生认为，这不就是植物的精神吗？于是他把这两句选为云南农林植物所（昆明植物研究所前身）的所训。这也是我过去十五年来反复来这里的一大理由。

江西湾的大部分古茶树都被砍伐过，云南茶树长得过高，不方便采摘。还有一个原因是，砍掉主干，新发的枝条会更茂盛。江西湾最大的这棵古茶树被砍伐过多次，最近一次砍伐是前几年，不砍不发芽。这是把茶树当作日用经济作物的一种观点，要是把时间轴稍微拉长点，就会发现茶山因茶而战的现实。

近代史开端便是以"茶叶战争"（详见周重林所著《茶叶战争》）为缘由，古六大茶山的改革与战争，也是从这片区域开始。丁俊一直希望我们写一本古六大茶山的"茶叶战争"，他很兴奋地带我们去看牛滚塘那棵活了几百年的大青树，他说起一段骇人听闻的往事，这里曾经挂过人头。

这个故事，也得从一个江西人说起。

丁俊的故事来自詹英佩所著的《中国普洱茶古六大茶山》。这本书里，叙事的主体很少是茶，因茶而生的民族才是作者关注的核心。根据詹英佩的讲述，有一群江西人来茶山，其中一个不守规矩，与当地头人麻布朋的妻子有染，事情败露后，头人麻布朋怒杀当事者二人，把其头挂在大青树上。

出了人命，汉商希望走衙门程序，但当地头人受小土司刀正彦保护，没有被追究，这就激发了矛盾。其时，刀正彦正在与大土司刀正宝争夺土司权，并企图把这桩人命案嫁祸给刀正宝，并趁机在茶山掀起了不少风浪。

清政府得知茶山乱起来，云贵总督鄂尔泰责令普威营参将邱名扬等领兵千余人进剿，在刀正宝的协同下，麻布朋等人被擒拿，供出主使刀正彦，于是鄂尔泰下令捉拿刀正彦，并攻打窝泥人（今天的爱尼人）聚集的攸乐地区。十一月，邱名扬攻下攸乐，事态平息，刀正彦逃跑。雍正六年（1728）三月初四，刀正彦及其随从在孟腊地方被清军擒拿归案。

后来我们才知道，这是鄂尔泰等待很久的整顿"时机"。雍正六年（1728）正月，云贵总督鄂尔泰向雍正说了自己治理云南的几个建议。第一，严把边疆。云南西部的镇沅、威远、恩乐、车里、古六大茶山与勐养这些边疆地方，需要好好整治，不然云南的局面不好控制。这里与越南、老挝与缅甸接壤，如果出事，等清廷兵到，要找的人早已经流窜出境。

第二，严治土司。澜沧江内外各设土司，除车里宣慰司外，还有茶山、勐养、老挝、缅甸诸处土司。土司之间平日里常常明争暗斗，谁也不服谁，经常擦枪走火，小土司想做大土司，大土司要灭小土司。他举例说，车里小土司刀正彦就是坏人，必须干掉。

第三，严控茶山。茶山的资源除了有茶外，还有盐井，还有数千里肥沃土地。

鄂尔泰的解决方案简单粗暴，也最有效，一个字：打。所以，麻布朋事件不过是一个发兵借口。边地出兵没有想象中那么容易，要克服水土不服，要避开谈之色变的瘴气，要开路。所以，清廷专门派兵，持斧锹开路，焚栅填沟，拿下勐养后，以此为根据地，连续攻下六大茶山中最大者的攸乐山所辖40余寨。

灭了疆外土司，战后政策也出来了。"江外宜土不宜流，江内宜流不宜土"，这就是著名的改土归流。至此，除了景洪还有土司外，其他地方的土司都被灭了，清廷将思茅、普藤、整董、猛乌和六大茶山，以及橄榄坝六版纳划归流官管辖，其余江外六版纳仍属车里宣慰司。后来为了管理方便，又把普洱升为府。雍正八年（1730），在攸乐山修建攸乐城。

从故宫存留的档案里，我们可以看到，鄂尔泰与张允随要把茶山捏在手里的真正目的：一切都是为了满足清朝皇帝的吃普洱茶欲。过去，关于普洱茶是贡茶的研究资料非常少。2014年故宫出版社出版了《清代贡茶研究》一书，人们才发现，在清代，普洱茶才是贡茶的大宗。究其原因，是因为游牧民族满族需要普洱茶来消食。普洱茶"味苦性刻，解油腻牛羊毒，虚人禁用。苦涩，逐痰下气，刮肠通泄"。这也是为什么后来清朝人始终相信，西洋人离不开茶叶与大黄。他们实在是太感同身受了。

一棵森林里的古茶树

雍正六年茶山平定，一年后，雍正七年（1729）普洱茶便开始了上贡的历史。

根据《清代贡茶研究》所记，嘉庆时，"嘉庆二十五年二月初一日起至七月二十五日止，仁宗睿皇帝每日用普洱茶三两，一月用五斤十二两。随园每日添用一两，共用三十四斤。皇太后每日用普洱茶一两，一月用一斤十四两，一年用二十二斤八两。七月十五日起至道光元年正月三十日，万岁爷每日用普洱茶四两，一月用七斤八两，随园每日添用一两，共用四十七斤五两。嘉庆二十五年八月二十三日至道光元年正月三十日止，皇后每日用普洱茶一两，一月用一斤十四两，共用九斤十二两"。光绪时，"光绪二十六年二月初一日起至二十八年二月初一日止，皇上用普洱茶每日用一两五钱，一个月共用二斤十三两，一年共用普洱茶三十六斤九两。用锅焙茶每日用一两五钱，一个月共用二斤十三两，一年共用锅焙茶三十六斤九两"。

嘉庆皇帝每日用三四两普洱茶，这是很大的日耗，甚至超过了今天很多专业茶人的饮用量。

从乾隆五十九年（1794）这份贡茶清单，我们可以看出贡茶进贡频率以及贡茶普洱的多样性。

乾隆五十九年御贡茶时间、名称与数量

贡茶时间	进贡地方官员	贡茶名称	贡茶数量
三月二十六日	云贵总督富纲	普洱大茶 普洱中茶 普洱女儿茶 普洱蕊茶 普洱蕊茶	二十圆 二十圆 五百圆 五百圆 五十瓶
四月二十四日	云贵总督富纲	普洱大茶 普洱中茶 普洱小茶 普洱女儿茶 普洱蕊茶 普洱芽茶 普洱茶膏 普洱蕊茶	五十圆 五十圆 二百圆 五百圆 五百圆 五十瓶 五十匣 五十瓶
四月二十三日	贵州巡抚冯光熊	普洱大团茶 普洱中团茶 普洱小团茶 普洱蕊茶 普洱芽茶 普洱茶膏	五十圆 五百圆 一千圆 五十瓶 五十瓶 一百匣
四月二十九日	云南巡抚费淳	普洱大茶 普洱中茶 普洱小茶 普洱女儿茶 普洱珠茶 普洱芽茶 普洱蕊茶 普洱茶膏	五十圆 五十圆 一百圆 五百圆 五百圆 五十瓶 五十瓶 五十匣

资料来源：中国第一历史档案馆、香港中文大学文物馆编：《清宫内务府造办处档案总汇》，卷55，北京：人民出版社2005年版。

莽枝茶树

莽枝晒青毛茶

喝一口莽枝茶

现在，普洱茶最经典的样式还是七子饼，这种样式正是在雍正皇帝驾崩这一年（1735）形成的。雍正十三年（1735），朝廷对普洱茶的包装与税银做了具体规定：七个圆饼置为一筒，重49两，征收税银一分；每32筒发一茶引，每引收税银三钱二分。从雍正十三年开始，朝廷颁给茶引3000份，颁发各茶商以行销办课。

那一天，我对丁俊说：你不是最早来这里寻找优质普洱茶的东北人。

鄂尔泰改造后的古六大茶山，呈现出前所未有的繁荣景象，他在向皇帝呈上的奏折中说，思茅、勐旺、整董、小勐养、小勐仑、六大茶山，以及橄榄坝、九龙江这些地方原有微瘴，但现在汉民商客往来贸易频繁后，微瘴不再是问题。在茶叶采摘的旺季，常有数十万人在六大茶山奔走于茶事，沿途行人拥挤，摩肩接踵。在当地涌现出万户富裕人口。檀萃在《滇海虞衡志》里说：普洱茶"名重于天下"。

下山记

　　在古六大茶山，皮卡与迷彩服是茶农的标配，缺了哪一个都觉得不对味，一如茶园管理、采摘鲜叶、鲜叶标准、杀青、摊晾、毛茶……都是一家茶行的掌门人的必修课，每一个环节都重

小女儿从小就跟着郭龙成夫妇跑茶山

古茶树比人高，爬上树才能采茶

要，都必须熟悉。至于能干、细心、认真之外的多彩生活，那取决于个人。从早上6点到凌晨2点，跟踪采访，我们看到了革登古茶山守护者忙碌的一天，同时也看到了古六大茶山的希望：深耕、坚持、亲近万物。

2018年3月14日，清晨6点20分，天还没有亮，龙成号掌门人郭龙成敲我的门，叫我起床。我是习惯睡到自然醒的人，但还是从睡梦中惊醒，赶紧答应一声"好的"。头天晚上睡得很晚，也是过了12点才睡，这次来古六大茶山出差，是我第一次严格意义上的深入的茶山考察，去年年中去了一趟勐海的南糯山，走马观花地看了一下，不过瘾。

这次出差源于想对郭龙成做一个采访，准确地说，是想记录他与古六大茶山、与革登古茶山的情感。是的，只是记录；是的，也只是情感。因为我不相信一个没有情感的人会愿意真心地付出，会扎根于这片久远、有故事的土地——很多人都说这个行业水很深，我不做评价，我只做记录。

虽只是记录，我也不想走那种坐在办公室里"你问我答"的路，想着不如全程跟随郭龙成一天，看他怎么度过普通的一天。这样或许更有价值，哪怕平铺直叙，也能看到古六大茶山的另一面，能看到革登与倚邦之间一天的日常：真实、平凡，更富有说服力。

或许是心里装着这件事，我没有敢睡太熟，郭龙成一叫，我就起来了。打开门一看，天色黑漆漆的，四周静谧得不愿意有任何声音打破它，空气中弥漫着森林里那特有的气息。在龙成号基

下雨天的茶山路况复杂

地的灯光中，匆忙洗漱，耳边是工人们的脚步声，以及他们偶尔的对话，带着浓浓的地方口音，划破了这夜的宁静。

　　两三分钟后，我走到基地大门口，郭龙成的座驾——皮卡已经启动，但没有立即出发，他在翻动着头晚杀青好的茶叶，一个个大簸箕，都翻了一遍，同时也在等另外三个工人。过了一会，6点50分，人全部到齐，郭龙成和我坐前排，工人坐后排，出发。

　　车灯照亮了前往倚邦的山路，也给革登的清幽夜色增添了些许暖色调，仿佛迷失在森林里的探路者，看到了那盏充满希望的灯，看到了通往目的地的路，不再恐惧黑夜与周围无边的森林。

　　并不是每天都这么早就出发，郭龙成边开车边说，从革登到倚邦的路不好走，之前说要修好通车，但一直在修，一直没有通车，这次应该是下了大决心要保证通车，所以现在是限时通行，必须赶在施工之前通过那段工地，否则会被堵到中午——允许通行的时候，并且现在施工时谁的情面都不给，以前打个招呼还能放行，现在免谈。

　　之前就领教过古六大茶山的路有多难走。3月12日晚，从景洪市区到革登茶山，沿途就记住了古六大茶山山路弯多弯急，但因为是夜里，加上疲惫，所以印象并不深刻。而这次与郭龙成同行，算是被古六大茶山的路折服了，不跪都不行，几十米就是一个弯。从革登到倚邦并不远，二十多公里，作为熟悉路况的老司机，郭龙成都需要花费一个小时。

　　正常的时候，从3月底（春茶季）到10月底（秋茶季），一般是8点出发，9点能到倚邦。非正常的时候，比如现在，就需要早起早出门，否则就别去，去了也是在路上堵着，吃饭都是一个问题。但到了冬季就特别悠闲，是一年当中最惬意的时光，不采茶，就在古六大茶山的各个寨子里吃饭。长时间守在这里做茶，自然就与茶农熟悉了：谁家的茶园有多大，谁的鲜叶品质更好些，家里有什么人，一清二楚。

　　走了二十多分钟，天刚蒙蒙亮，能依稀看到周围的景色，除了大山还是大山，除了植被还是植被，只有远与近、模糊与清晰的区别。而龙成号的往事，也在我们的聊天中不断清晰起来。郭龙成自1999年进入茶行业，就再也没有离开过，也没有中断过，估计将来也很难跳出这个行业了。这算不算宿命？我不知道，也没有问。

最开始的时候主要经营原料，对茶行业不熟悉最直接的后果，就是没有赚到钱，但结识了人生最重要的两个朋友，也值了。中间发生的故事，也很有味道，和一杯革登古树茶一样，耐泡，也耐人寻味。品茶如品人，一些事情并非自己能掌控的，哪怕是好心，也会在别人的把酒闲谈中变了味，再熟悉的兄弟，也熟悉不了对方的心。

直到2004年，成立了龙成茶行；2006年，注册了商标，是以郭龙成名字来注册的，这就有了我们今天看到的龙成号，更有了一款款被顾客认可的经典产品。

快接近倚邦村的时候，就在倚邦村坡脚下，即道路施工的地方，没想到我们还是来晚了一点——已经在施工了。郭龙成感叹，今天怎么这么早！跟在我们皮卡车后面的，还有几辆车；挖掘机工作发出的声响，一大片山谷都能听到，最后是挖掘机暂停施工，我们从旁边开过去：我们是在规定的时间内通过，所以才被放行。

等待杀青的鲜叶

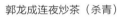

郭龙成连夜炒茶（杀青）

加工过程中，闻茶香

揉茶

　　郭龙成把车停在倚邦村下山的坡边，那里是他承包的古茶树茶园，已经有采茶工在路边等候。安排好采茶事宜后，我们继续开车，因为今天有一位老人去世，86岁，是郭龙成的朋友的长辈，也是茶农，龙成号的合作方。今天上午安排的活动，就是参加长辈的送葬事宜。

　　来早了一会儿，我们坐着等了一二十分钟，吃主人家提供的早餐，就在倚邦村的一家初制所里。一桌七八个人，五六个菜，比较简单。饭后，我去倚邦老街走走看看，郭龙成去送老人最后一程，并交代我倚邦老街尽头处的房子是他租的，一楼没有锁门，自己进去随意泡茶喝，有人问就说是他的朋友；二楼是租给采茶工人住的，因为路远，提供住宿对工人来说比较方便，也安全。

　　快到12点的时候，郭龙成联系我，一起去主人家吃饭，菜比较丰盛，他让我尽量多吃点，虽然说了晚饭可能会在七八点左右，但终究不敢保证是几点，能多吃就多吃。吃饭时候，一桌人聊的话题，自然不会缺少今年的春茶采摘。

　　饭后，郭龙成去到租的房子里，将一大锅煮好的米饭放到皮卡后排，还有几罐咸菜，贵州老干妈、云南豆腐乳，以及盒装牛奶。这些是给采茶工人准备的，午饭吃得比较简单，晚饭会丰盛很多。再一次开车到采摘鲜叶处，工人把锅、碗筷、咸菜、牛奶等拿到山坡上一块稍微平缓些的地方，就招呼着吃起来。我们带上上午工人采摘的鲜叶，又折回倚邦老街。

　　一个上午，19个采茶工人，共收获了21.5公斤鲜叶。郭龙成

茶园边的临时休息棚

把鲜叶倒出来，放在大簸箕上摊晾，说不能一直放在袋子里，不然中间的温度会非常高，会毁了这些鲜叶。摊晾之后，郭龙成自己泡茶，与几个认识的人聊天。

所聊之事，尽是古六大茶山的茶事。所遇之人，有踏实者，有算计者，但这都是古六大茶山的日常。郭龙成安排我去睡午觉，我婉拒，他说他得睡一下，不然身体熬不住，我自己喝茶。旁边就是倚邦村委会，我又走到倚邦老街，看一条街的日常，拉

到茶农家收购鲜叶

建材的车来来往往，给老街送上一份灰尘；母鸡带着小鸡穿来穿去，给老街送上一份印记，以及一段午间的热闹。

下午2点，郭龙成出来，午休了一个小时。我们返回那片茶园，此时，太阳已穿过云层，茶园的光线变得明亮，茶树上的芽与叶特别嫩绿。郭龙成寻着采茶工人的袋子翻看，将采摘好的一袋袋鲜叶背到茶园山坡上，挨着路边，在极为难得的一块平地上铺开编织袋，将鲜叶翻抖在上面，避开阳光的照射。那份认真与小心，就像对待他的女儿一样，精心呵护。那一刻，他不再是龙成号的掌门人，而是一个地道的茶农。

我在旁边打下手，郭龙成也聊起了曾经的茶事。最初入行收购过易武小树茶，现在的价格是当时的30倍。现在外界追捧的曼松，当年身上带五六万元就可以"横冲直撞"，而现在带十万现金过去，还得低三下四。他不太愿意看到天价茶的出现，那毕竟只会让极少数的茶农受益，伤害了广大茶农的利益。

并且，人心也变了。茶农变了，采茶工人也变了。即使只是收购鲜叶，哪怕是请人采摘，也是一个"斗智斗勇"的过程。聊到这个话题，我们都只能沉默。沉默，或许是贴切的答案。刚好，他接到电话，是想来龙成号做采摘工人的，以采摘到的鲜叶重量来计算薪酬，但其要的工价明显高于采摘工价的行情。龙成号基地固定的工人有二十个，根据鲜叶采摘灵活安排，有时候会再增加几十个点工（按工作天数算钱，比如今天的工价是一天一百元，早上八点到下午六点，不管采摘的重量）。

龙成号的茶园中，有几棵古茶树，一个人一个上午只能采摘半棵树。去年的最高纪录，两口子一天时间采摘鲜叶高达50多公斤，并且符合要求。当然，像这种勤快的工人，收入就会比其他的要高许多。而整个革登茶山，每年的干茶产量也只有20吨左右。

下午4点，郭龙成将平地上摊晾的鲜叶收到编织袋里，拉回租房处。我留在茶园。茶园在一个山坡上，有点陡，走下去要有

"刹车"的准备，不然会冲到山谷最下面。茶园周围都是森林，能经常听到驶过的汽车声响，却始终看不见其身影。我寻着采茶工人的声音，找到他们，也加入采摘队伍。茶树不高的，采摘比较方便，就是围着茶树转圈圈，站稳即可；茶树高的，需要他们爬上去，确实不容易。他们都是当地或者附近的少数民族，有哈尼族、苗族，他们一边聊天，一边采摘，动作麻利。在他们的队伍中一个多小时，当然，我一句没听懂。

时间过得飞快，采摘队伍出现了一些躁动，原来是到六点多了，已经到了下班时间，而郭龙成还没有回来。有人背着鲜叶先上去了，有人还在继续采摘鲜叶，到了六点半，茶园里的声音就稀疏了，都是从上面传过来的，我跟着走回路边。他们已经全部聚集在一起，最后我明白他们的意思了：郭龙成怎么还不来？

郭龙成的皮卡车停好，一边安抚他们，一边从钱包里拿出现金，挨着付钱，是的，日结；拿了钱他们才回去。一边付钱，一边叮嘱他们要注意安全，尤其是骑摩托的女人。收好鲜叶，以及午饭的锅具碗筷，再一次回到倚邦老街，将这一天所有的鲜叶归类（倚邦茶有大叶种、小叶种）、收好，将第二天要采摘的事情吩咐好，将工人们安排好，包括晚饭、住宿，并拿了一大条腊肉给留守的工人，让他炒着吃，说："够你家两口子喝顿酒了。"

这时我们才从倚邦老街返回革登，返回龙成号的基地。而此时，已是晚上7点半，天快黑了。过了施工那一段路，天完全黑下来。郭龙成说，在古六大茶山开车，其实是夜里最好开，可以开着大灯，远远就能看到对面来的车，反而比白天安全。一路上

加工好的晒青茶，第一时间带下山试试

龙成号告庄新店开业

遇到了很多货车、皮卡、越野车，验证了夜里开车安全，能及时避让。

　　可能回家心切，可能是革登基地的夜色更温暖，郭龙成开车比早上快了很多，几百个弯、无数岔路口，轻车熟路，他熟悉整条路的路况，熟悉每一个弯道，经常遇到会车，不停地、快速地变换车灯，在夜色下的古六大茶山迅疾驶过，8点18分就回到了基地。晚餐菜很丰盛，每一种菜的量都很大，还有几个工人要喝酒，郭龙成交代他们："喝可以，但不要买那种几块钱一斤的酒，那种酒会要命的。"

饭后，我可以休息，但龙成号的掌门人——郭龙成却还不能。他还要忙着和工人将今天采摘到的鲜叶连夜杀青、摊晾，动作麻利，技法娴熟，一锅接着一锅，中间还不忘洗锅，以避免茶叶的果胶粘锅，影响下一锅的品质，一簸箕接着一簸箕。鲜叶杀青的时候，他接到了电话，是三岁多的小女儿打过来的，他一边哄她，一边轻声而温柔地告诉她：爸爸在忙，你要早点休息，等你明天醒来的时候，爸爸就在你身边了。

晚上11点20左右，我还在会客室，郭龙成进来了，因为这一天的茶事即将结束，能够暂时休息一下，将身与心放松。他弹起了吉他，手指与琴弦配合流畅，融为一体，也融成一段动人的曲子；他唱起了一首情歌，一首我曾经经常听到的民谣，那本应是校园里才有的情怀与情境，而对面，是他的妻子。

我很识趣地打个招呼出来。因为，再过不久，我们就要从这寂静的茶山返回市区，返回灯火辉煌的景洪；这一点时间，对他们来说，显得极为宝贵——他绝大部分时间都在茶山，也将大部分精力倾注在茶叶上，从茶树发芽、采摘开始，到工人的安排，茶叶的杀青、初制、精制，甚至连杀青的柴火准备，都"事无巨细，悉究本末"。她大部分时间在市区、在店里，管理着产品的营销等，也将家照顾好。

深夜，刚好12点，我们准备出发，工人本已将成箱的毛茶装

好在皮卡上，结果郭龙成看后说，这么一辆车装这点茶都装不好
（19箱），他指挥将皮卡专用的油布盖好，又用绳索按照车上孔的
位置一段一段地系上、打结，说，这样哪怕纸箱倾倒，也不会掉
下来。这车毛茶，是要连夜送到精制厂压制饼茶的。

出发前，他又折回炒茶车间，打了一盆水泼在烧柴处的柴灰
上，确保火熄灭。在车启动时，郭龙成说：不好意思，耽误一
下，我喝点牛奶，实在有点渴；他从车里找到一盒牛奶，快速喝
完，就像烈日下喝一瓶矿泉水一样。这样，我们终于出发了，沿
着山路，向着市区。

革登茶山的基地还亮着灯，不知道能不能照亮那些还在夜幕
中赶路的人们；森林里的精灵已经沉睡，基地的灯光离我们越来
越远，越来越弱，车驶过几个弯之后，就消逝在森林的寂静中了。

我们疾驰在古六大茶山的深处，一个多小时后，又看到灯
光，那是基诺山乡镇的路灯。郭龙成记得那里有小卖部，要给我
们买水喝，说是出发前忘记带水了；他对古六大茶山的熟悉，再
次让我惊讶，绕开主路，驶进基诺镇子里，又是无数的小路、岔
路，但速度一点也不慢，换作我，应早已迷路。太晚的缘故，农
村里的小卖部已经关门，我们又从镇子里的小路回到主路。

车驶到景洪，郭龙成送我们到酒店门口，跟我们道晚安。只
是，我们可以晚安，他还不能，他必须把整车的毛茶送到精制厂。

一座城市的繁华依然如旧，昼夜不变，与古六大茶山、革登
基地的寂静，宛若两个世界；好在，不冲突，不矛盾，茶连接着
两个世界，也包容着往返的人们。

　　从早上6点到凌晨2点，郭龙成已连续工作了十几个小时，没有看到他抱怨，即使遇到不满意的地方，也只是很平常地指出来，让工人改正。不知道，当第二天她的小女儿醒来时，看到父亲的出现，会不会很惊喜；不知道，当他看到小女儿时，是否会褪去一天的疲惫，会表现出如接电话时候的那分温柔。